2003

第一卷

中国建筑装饰工程公司（集团）设计研究院

中国建筑工业出版社

图书在版编目(CIP)数据

引领·设计2003第一卷／中国建筑装饰工程公司（集团）设计研究院.－北京：中国建筑工业出版社，2004

ISBN 7-112-06244-6

Ⅰ.引... Ⅱ.中... Ⅲ.建筑装饰－建筑设计－作品集－中国－现代 Ⅳ.TU238

中国版本图书馆CIP数据核字(2003)第115603号

责任编辑：何 楠
责任设计：尚 坤
责任校对：齐建会 汤小平

主　　办：中国建筑装饰工程公司（集团）设计研究院
总　　编：易 军 郜烈阳
副 总 编：刘晓一 刘昆仑
顾　　问：张世礼 朱仁普
主　　编：张宇峰
执行主编：齐建会
责任主编：幺士玉
编　　委：李 民 谢 峰 尚 坤 李 滢
向 红 韩祥波 徐 萍 张 天
平面设计：尚 坤 李 滢
地　　址：北京三里河路15号 中建大厦B座7层
邮　　编：100037
电　　话：(010)88083180/3181-8010
传　　真：(010)88082547
E－mail：cscecrdi@sohu.com
cscecrdi@163.com

引领·设计2003第一卷
中国建筑装饰工程公司（集团）设计研究院
中国建筑工业出版社出版、发行(北京西郊百万庄)
新华书店经销
北京广厦京港图文有限公司设计制作
北京佳信达艺术印刷有限公司印刷
*
开本：635×965毫米 1/16 印张：16 字数：768千字
2004年1月第一版 2004年1月第一次印刷
印数：1—3,500册 定价：218.00元
ISBN 7-112-06244-6
TU·5506(12258)

本社网址：http://www.china-abp.com.cn
网上书店：http://www.china-building.com.cn

求創新而不流俗套
求传统而不搞复古
求现代而不抄西洋

齊康
03.12.09

目录

CONTENTS

中国建筑装饰工程公司（集团）设计研究院

CHINA BUILDING DECORATION ENGINEERING COMPANY (GROUP). DESIGN AND RESEARCH INSTITUTE

卷首语

FOREWORD

《引领·设计》是中国建筑装饰工程公司（集团）设计研究院主编的建筑装饰文化方面的学术性著作，也是该院与业主、兄弟单位、同行进行学术交流的平台。一个企业能够出作品集进行专业研究不仅反映了自身有较强的实力、较高水平和远见卓识，而且说明中国的现代建筑装饰企业和装饰文化繁荣昌盛，走向了成熟。

目前，中国乃至世界的建筑装饰文化随着科技与国际经济的高速发展取得了巨大的进步，不仅创造了很多艺术与科技相结合的高、精、尖的作品，而且日益揭示了科学的内在的发展逻辑，产生了新的设计思想和观念。学术园地也迎来万紫千红的春天，人们针对一些共同关心的重要问题展开研究和争鸣。比如，今天面临生存环境恶化，人们看出工业社会的利与弊，意识到要进行以生态价值观取代工业社会观，以人类为中心作为价值尺度的理性转变，以谋求人类社会的持续发展。要实行这样的转变，建筑装饰设计界要在自己的专业领域中研究如何以生态为导向，在人的文化观、价值观重新定位的前提下，去建立以绿色设计为中心的环境美学、技术学和方法论的新系统；去研究如何把握绿色设计多元化、多层次的实施方案，这是重大的理论和实践问题。比如，中华传统文化博大精深，对世界文化的发展产生过巨大的影响。今天如何在欧美强势文化的冲击下保持自己的发展特色，也是重大的理论和实践问题。要研究的问题很多，这里不一一列举。我是想说明，一个有实力的企业在自己专业领域中不断总结自己的经验，开展学术研究是至关重要的，不仅能把握自己的专业实践的方向、方法，而且有益于国家、民族文化的发展。

中国建筑装饰工程公司（集团）设计研究院虽然年轻但起点很高，有实力强、资金足的中建总公司为依托，集中了一批朝气蓬勃的中、青年专业骨干，团结了国内外专家，短时间内做了很多重大工程，显示出旺盛的创造力和很强的发展潜力。我和他们交谈中深知他们的企业理念先进，他们团队中的专业人员都有自己明确的专业方向，搞酒店设计的不搞写字楼、会堂设计，每人专攻一个方面，坚持专业化、高水准。另外，他们注重在实践中磨练、打造自己，对设计项目开头时认真研究，结束时认真总结，力争一步一个台阶。

我相信，这个团队中的设计师通过中外文化兼收并蓄的研究和设计实践，会在自己文化积累过程中成熟起来；会在自己的事业中取得突出的成绩；会为中国建筑文化的发展做出贡献。

张世礼

2003.11.23

（张世礼教授 中国建筑学会室内设计分会会长、中国建筑装饰工程公司（集团）设计研究院顾问）

公共类空间

COMMONALITY SPACE

刘天华文化艺术中心

江阴是一个人杰地灵的城市，江阴新市区规划建设了一座规模宏大的集各种文化设施于一体的综合性文化中心，并且以我国著名民族音乐家刘天华命名。这一组现代化建筑群体中，包含有大剧院、文化馆、博物馆、图书馆以及会展中心，总建筑面积达到68000m^2。本案很好地与原建筑的风格相契合，又鲜明地体现了中国文化特色和地域文化，成为最终中标方案。

项目名称：江苏省江阴刘天华文化艺术中心
委托业主：江阴市文化局
项目地点：江苏省江阴市
设计面积：68000m^2
设计周期：2003年5月～10月
设计小组：
方案主创：吴向阳　夏秀田　齐建会
方案设计：韩祥波　张晓燕　龙理峰
制 作 组：王海涛　韩祥波　刘明昕　万　杰
施 工 图：吴向阳　吴树军　吴松阳　王　兰　刘　超

文化馆中庭

凝重的色调与氛围使人们体味到历史的积淀与厚重。

大量传统符号与手法的运用将历史浓缩在这个中庭空间里。

博物馆在整个设计中色调最为凝重。大量传统符号、手法的运用，展现了一份历史的悠远与深邃。

1.博物馆门厅
2.博物馆中庭

观众厅墙面的“窗棂”的背面，暗藏着可调节的吸声体，从而使这个观众厅的混响时间可以在一定范围内调节，以满足不同使用场合的声学要求。

剧院设计的难点在于不仅要有鲜明的装饰形式，更要充分考虑其建筑声学特征。本案的设计就较好地解决了上述两方面的要求。剧院墙面上的木格造型既是充满灵气的古典窗棂，又是很好的可调吸声结构，从而创造了优秀的剧场艺术环境和演艺效果。

2

3

1. 大剧院观众厅
2. 大剧院贵宾休息厅
3. 观众厅
4. 大剧院门厅

4

信阳市文化馆

水乡的灵动和苏州园林的精美在这里用现代工艺材料加以诠释。因为抓住了精髓，所以同样令人感到美的意境和空间的精妙。

1.文化馆门厅
2.文化馆中庭
3.文化馆中庭园林造景

图书馆是本案中最为现代的空间。简洁现代的手法、碧波荡漾的流水和彩色动雕将人们带入一个让思想在艺术中飞翔的世界。

1. 图书馆中厅
2. 图书馆中厅内的园林和流水

天津泰达国际会展中心

项目名称：天津泰达国际会展中心

委托业主：天津泰达投资控股有限公司

项目地点：天津开发区东海路以西，泰达大街以北

设计面积：60000m²

设计周期：2003 年 4 月 15 日～4 月 28 日

设计小组：

方案主创：梁裴观（台湾）

方案设计：齐建会　幺士玉　张　天

制 作 组：徐　萍　刘明昕　王文强　王　宁　汪　涛　张　龙　李大鹏　贾振宇　尚　坤　徐　萍

施 工 图：燕　娟　王玉忠

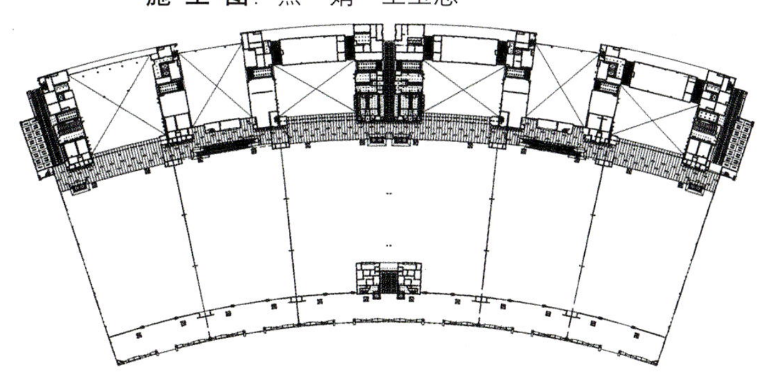

天津泰达会展中心建筑的原创来自美国著名建筑师，大量新技术、新工艺的运用使设计充满挑战。在设计中，我们不仅要考虑原设计的技术节点，还要用同样现代的设计手法使室内空间与建筑相匹配。

1. 会展大厅
2. 大厅内的观光梯
3. 大厅局部
4. 大厅局部

工业感和现代材料，对建筑的尊重，构成了室内设计的基本要素。在这里，装饰并非脱离建筑单独存在，而是建筑的完成和延续。

1. 大宴会厅
2. 办公室
3. 酒吧
4. VIP 门厅

2

1

注册大厅背景墙使用抛光石材与烧毛石材相结合，突显了一种粗犷的美，而且不显沉重。室内墙面使用清水混凝土，强化了空间的建筑感和原始美。

2

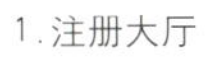

1. 注册大厅
2. 注册大厅
3. 酒吧
4. 卫生间

首都机场1号航站楼

首都机场1号航站楼曾经是中国机场建筑的代表作。在它建成后的20年里，我国机场建设实现了质的跨越。今天对老航站楼改造的目标就是使其以全新的面貌适应当今航空业的发展要求，用现代化的理念和功能赋予它崭新的生命和活力。

项目名称：首都机场1号航站楼

委托业主：北京首都国际机场股份有限公司

项目地点：北京

设计面积：78841m²

设计周期：38日

设计小组：

方案主创：李大鹏 汪 涛 幺士玉

方案设计：齐建会 周百合 韩祥波 杨 柳

制 作 组：韩祥波 王文强 王 宁 张 龙 李 滢 岳 鹏

施 工 图：胡亚茹 燕 娟 王玉忠 戴 文 李 萍 雍 霞 林 硕 宁莲娜 袁河发

1. 出港大厅
2. 办票大厅
3. 办票大厅采光设计

2
3

机场配套功能空间设计应大气、考究、富有文化气息并运用简洁、得体的艺术表现形式。在这些方面设计师均有深入细致的考虑和出色表现，从而达到预期的设计效果。

1. 卫生间
2. 团队休息室
3. 空港俱乐部
4. 会议室
5. 贵宾休息大厅

4

5

顶部的放射性造型，构思源于中国传统的京剧脸谱符号，力求在空间体现出中国文化精髓。立面保留原有已很精彩的结构框架，运用浅色的材质来强化它，柱子顶部的菱形形成强烈的向心性而使空间浑然一体。

1

2

地面休息区复合地板的铺设，舒缓了人们登机前的紧张情绪，体现了公共空间人性化的设计理念。顶棚的折线处理，不仅强化了顶棚造型的雕塑感，而且更好地反射外窗射入的光线，从而充分地利用了自然采光，并且与其他空间取得良好的一致性。

1.候机卫星厅
2.出发大厅

飞机机翼流线演变而来的舒展的折线造型将空间塑造得秩序井然而生动多变。

休息区以绿化作区域分隔，以复合木地板作地面分区，力求营造亲切近人的气氛，充分体现以人为本的设计原则。

1. 到港大厅
2. 到港大厅休息区
3. 到港大厅

1. 行李提取厅 1
2. 行李提取厅 2

北京光彩国际中心大堂

项目名称：北京光彩国际中心大堂

委托业主：北京光彩国际房地产开发有限公司方案征集

项目地点：北京市东长安街

设计面积：约6000m²

设计周期：2003年4月～5月

设计小组：

方案主创：齐建会　吴向阳　周百合　石激澜

制 作 组：刘明昕　贾振宇　王　宁　尚　坤　王海涛　李　贞

光彩国际中心位于东长安街，与东方广场相对，是北京的标志性建筑之一，总建筑规模达到250000m²，是一座功能极为复杂的综合性建筑群。本案设计的大堂是整个建筑的核心区域，联系着整个建筑群的交通中心、人流集散中心和功能服务中心。作为方案征集，我们以不同风格手法为业主提供了三套不同的设计方案。

1.从门厅看中庭（方案一）
2.中庭（方案一）
3.从中庭回望（方案一）

方案一侧重于空间序列关系的营造和文化底蕴的发掘，从而产生一种以中庭"场"为核心，充满中国传统文化格调的空间效果。

1

方案二和方案三更加强调现代建筑的基本语言特色。此外，对原建筑结构加以规整处理，使之更富于整体感和雕塑感，使复杂的空间结构变得有序、理性，反映建筑的空间力度和简洁、大气的结构关系。

1.从门厅看中庭（方案二）
2.中庭（方案三）
3.中庭（方案二）

中华人民共和国外交部涉外会客室

项目名称：中华人民共和国外交部涉外会客室

委托业主：中华人民共和国外交部行政司

设计面积：2500m²

设计周期：40 个工作日

设计小组：

方案主创：张世礼（特邀） 齐建会

方案设计：张 天 龙理峰 韩祥波

制 作 组：刘明昕 王文强 王 宁 李 滢 贾振宇 万 杰 李 贞 王海涛

在包括了张世礼教授、郑曙阳教授等一批国内知名设计大师作为顾问的大力指导和帮助下，我们完成了中华人民共和国外交部涉外会客室设计。我们把这项设计任务当作是向世界展示中国文化的一个重要使命来完成，最终得以被采纳和实施。

1.部长会议室
2.小会议室

中式传统用全新手法进行表述，但空间的格调仍然表现出了强烈的艺术感染力，这是文化的魅力所致。作为中国外交的窗口，外交部涉外会客室的设计必须抓住一个灵魂，那就是中国传统文化。

1. 大会谈室
2. 小会客室

1. 副部长会客室
2. 谈判大厅方案二
3. 谈判大厅（张世礼教授）

2

3

在一些小型空间的设计里，尝试使用一些现代的手法，同样可以显示庄重大方的风格与坚实的文化基础。

1. 小会客室
2. 小会客室
3. 小会客室
4. 小谈判厅

酒店类空间

ACCOMMODATION SPACE

哈尔滨福斯特商务酒店

项目名称：哈尔滨福斯特商务酒店

委托业主：哈尔滨福斯特房地产开发有限公司

项目地点：黑龙江省哈尔滨市南岗区

设计面积：45000m²

设计周期：2003 年 7 月～9 月

设计小组：

方案主创：齐建会　向　红　焦翰霆

方案设计：徐　萍　孙安国　梁　明　石激澜　魏　宁

制 作 组：刘明昕　王文强　张　龙

施 工 图：易　军　胡亚茹　燕　娟　李　萍　宁莲娜　张　静　王玉忠

哈尔滨福斯特商务酒店位于黑龙江会展中心旁，是由万豪国际酒店集团管理的一座超五星级商务酒店。我们的设计从土建基础开始，最终土建结构按我方的方案进行全面调整，以适应酒店功能及室内设计的需要。

方案一的大堂设计以现代欧式风格表现豪华、典雅的酒店尊贵地位，浓郁的贵族品位。

1. 大堂堂吧
2. 大堂俯视

大堂方案二在简洁的风格中，融入了酒店的元素和豪华的气息。这种方法在当今的酒店设计中更多的被室内设计师所采用。作为一家商务酒店，这与其功能及使用身份是相吻合的，明朗大气的格调及细部处理都展现出强烈的时代气息。

1. 大堂（方案二）
2. 大堂堂吧

新疆驻京办事处酒店

项目名称：新疆驻京办综合楼

委托业主：新疆驻京办事处

项目地点：北京市海淀区百万庄

设计面积：25000m²

设计周期：2003年6月1日～11月15日

设计小组：

方案主创：齐建会　徐　萍

设计顾问：朱仁普　潘家风

方案设计：孙安国　石激澜　汪　涛　周百合　李大鹏　幺士玉

制 作 组：刘明昕　王文强　王　宁　汪　涛　贾振宇　王雪雁　朱立明　李大鹏　张　龙　李　滢

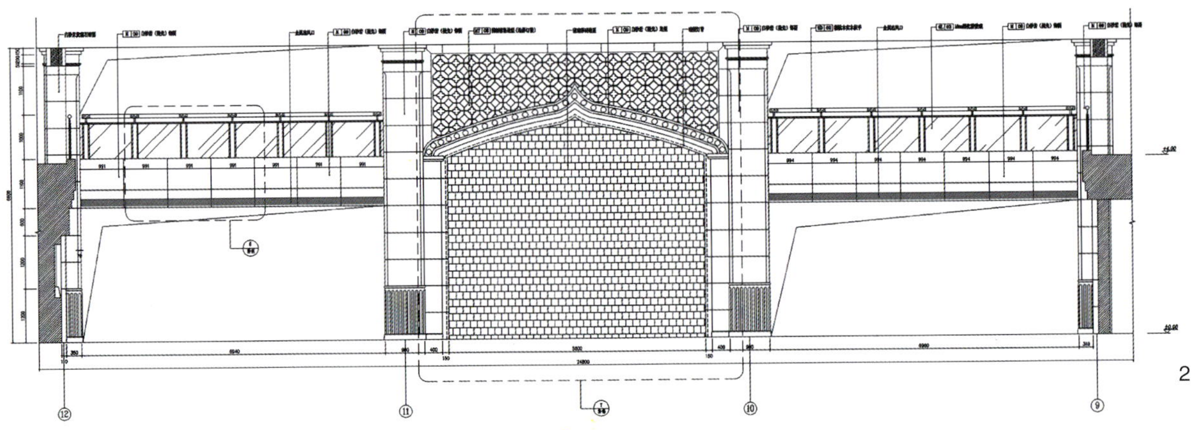

2

"让新疆人感受到鲜明的现代气息，让北京人看到浓厚的民族特色"是业主对本案提出的一个具体而又抽象的概念要求。为此，设计师在民族与现代的平衡中反复推敲，对伊斯兰文化做了高度概括，大量运用新材料、新工艺，最终得到业主的认可和高度评价。

1. 最终确定的大堂方案
2. 大堂立面图

1

大堂设计在原土建基础上增加了两个弧形楼梯，空间丰富了，并且产生了优美的动感，只是空间显得有些局促，后来舍弃了楼梯的设计。

大堂顶棚的设计与柱子的形式形成一个具有强烈几何美的空间构成结构，同时凝炼出伊斯兰宫殿建筑的骨架。

1.大堂方案一侧视图
2.大堂方案二
3.大堂方案一正视图

1

3

4

民族风味餐厅只用简洁的线条和造型来刻画，画龙点睛。

1. 民族风味豪华包间
2. 民族风味餐厅
3. 民族风味餐厅的吧台
4. 中餐厅

考虑到少数民族的生活习惯和审美倾向，在客房设计中尽量选用比较有民族风情的造型、饰品去营造别具特色的风格。

1. 套房客厅
2. 民族套房
3. 商务客房
4. 豪华套房

1. 卫生间
2. 行政层四季厅
3. 客房电梯厅
4. 总统套房客厅

走进总统套房客厅仿佛进入了一个撒满阳光的伊斯兰庭院，令人清新舒畅。

中国煤炭科教文交流中心

项目名称：山西焦煤集团总部大楼

委托业主：山西焦煤集团／中国煤炭博物馆

项目地点：山西太原迎泽大街

设计面积：28500m²

设计周期：2003年4月21日～5月15日

设计小组：

方案主创：齐建会　张　天　汪　涛　李大鹏

方案设计：幺士玉　周百合　孙安国　石激澜

制 作 组：王文强　王　宁　尚　坤　张　龙　贾振宇　谢　敏　王宗玉

施 工 图：胡亚茹　燕　娟　王玉忠　戴　文　张　静

这是一座综合性的建筑，集酒店、办公一体。其一层有两个大堂、两个出入口。如何协调好二者关系是考验设计师的一个重要课题，本案在投标时我们提供了三套方案供业主选择，三套方案各具特色，充分发挥了设计师的创造力。

1. 酒店大堂吧（方案一）
2. 办公大堂（方案一）
3. 堂吧及办公大堂
4. 酒店大堂（方案一）

建筑改造方案简洁大方，气势宏大，为树立企业形象起到了锦上添花的作用。

方案二的设计手法，大胆运用材料，对原土建结构和空间形态也进行了调整，形成了很有气势又不失精巧细部的一套方案。

1.方案二办公大堂
2.方案二酒店大堂
3.结构原有的缺口被补齐，从而转变了原有建筑的轴向关系。

1. 大堂方案三
2. 连廊
3. 酒店大堂方案三
4. 办公大堂方案三

大堂方案三是探索性的，强烈的线条、鲜明的对比关系都给整个空间注入了跳动的现代气息和无法忘记的视觉冲击。

重金属风格和工业感的酒吧设计令人眩目。

1～3. 酒吧的不同透视视角
4. 保龄球休息厅
5. 保龄球球馆
6. 健身房

4

5

6

康体健身区的设计格调明快、手法活泼、色彩大胆。

1. 自助餐厅入口
2. 自助餐厅
3. 自助餐厅
4. 自助餐厅

中餐厅的设计往往会被一些中式建筑的构件、符号所左右，而这个中餐厅的鲜明风格的产生则是建立在对传统建筑空间的解析和气氛的渲染上，手法轻松，格调明快。

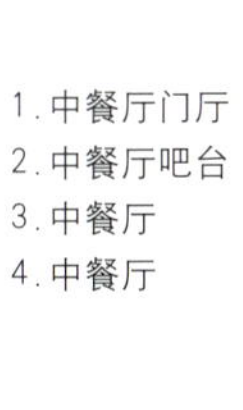

1.中餐厅门厅
2.中餐厅吧台
3.中餐厅
4.中餐厅

京海饭店

项目名称：青海驻京办京海饭店
委托业主：青海省驻京办
项目地点：北京市府右街
设计面积：12000m²
设计周期：2003 年 3 月 1 日～3 月 13 日
设计小组：

方案主创：齐建会　周百合　汪　涛
方案设计：李大鹏　孙安国　刘明昕　贾振宇　王文强
尚　坤　朱立明　燕　娟　王玉忠
制 作 组：周百合　李大鹏　汪　涛　刘明昕　王　宁
贾振宇　尚　坤　王文强　朱立明

三江源
青海湖
在那遥远的地方
风吹草低见牛羊……

京海饭店是青海省政府用作青海省驻京办事处的一座四星级商务酒店。设计中对地域文化及民族风情恰到好处的表达，构成了设计的灵魂。

宴会大厅

以"源"为主题的背景墙面装饰形式，鲜明地表达出青海省的地域特征。

1.大堂角度1
2.大堂角度2
3.大堂角度3

基于民族特色的装饰纹样，展示与时俱进的生活与发展理念，成为大都市中带有地方特色的一员。

1.宴会大厅
2.中餐包间
3.清真包间

壁龛与壁挂配合穹顶造型，将清真风格表现得极其充分。

1

2

1. 豪华套房视角一
2. 豪华套房视角二
3. 豪华单间

办公类空间

OFFICES SPACE

中国空间技术研究院科研楼及会展中心

项目名称：北京空间技术研制实验中心 921－3
委托业主：北京中国空间技术研究院
项目地点：北京中国航天城
设计面积：21000m²
设计周期：2003 年 3 月 3 日～6 月 18 日
设计小组：
方案主创：齐建会 周百合 徐 萍 汪 涛 张 天 孙安国
方案设计：幺士玉 李大鹏 尚 坤 刘明昕 王雪雁 燕 娟 贾振宇 王文强 王 伟 刘 霞 朱立明
制 作 组：制作中心
施 工 图：胡亚茹 燕 娟 王玉忠 戴 文 聂 芳 张 静

"神舟五号"为中国人进入太空实现了零的突破，中国空间技术研究院在这项系统工程中起着核心的作用。而空间技术研究院的中心就是由科研楼和会展中心共同组成的921-3工程，会展中心将展示"神舟"的发展历程和中国空间探索的历史，而科研楼是"神舟"的研发中心。

"太空"概念在这里被形象地展现出来，展厅侧墙的虚实交错仿佛是浩瀚宇宙的缩影，而录像厅的抛物线顶则象征"神舟"运行的轨迹。

2

3

科研楼大堂以严谨的结构和大方的几何造型表现科研机构的科学精神和严谨作风，正是这种一丝不苟的工作造就了中国航天人的辉煌，也正是在这种精神的感召下，我们的设计力求做到精益求精。

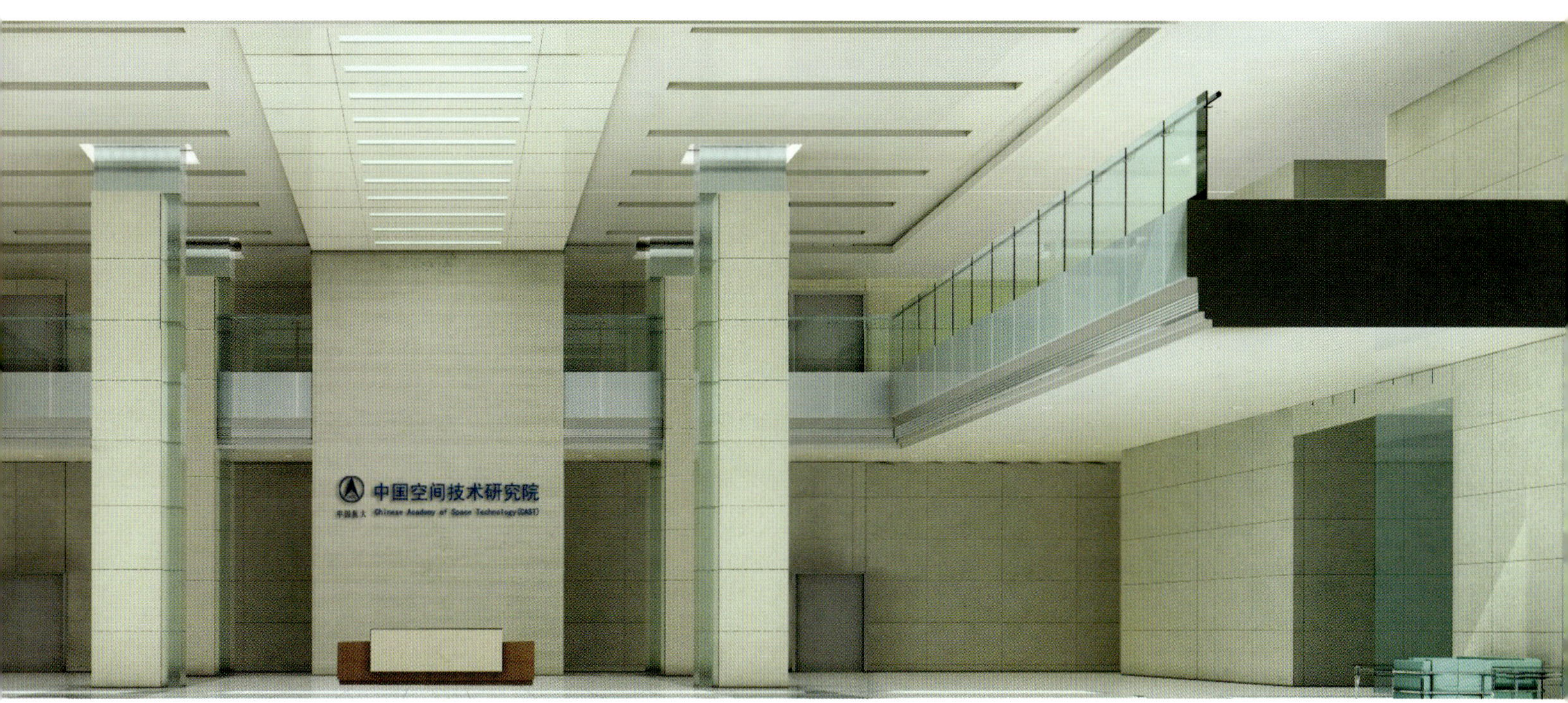

1.科研楼大堂
2.科研楼办公走廊
3.科研楼大堂展开透视图

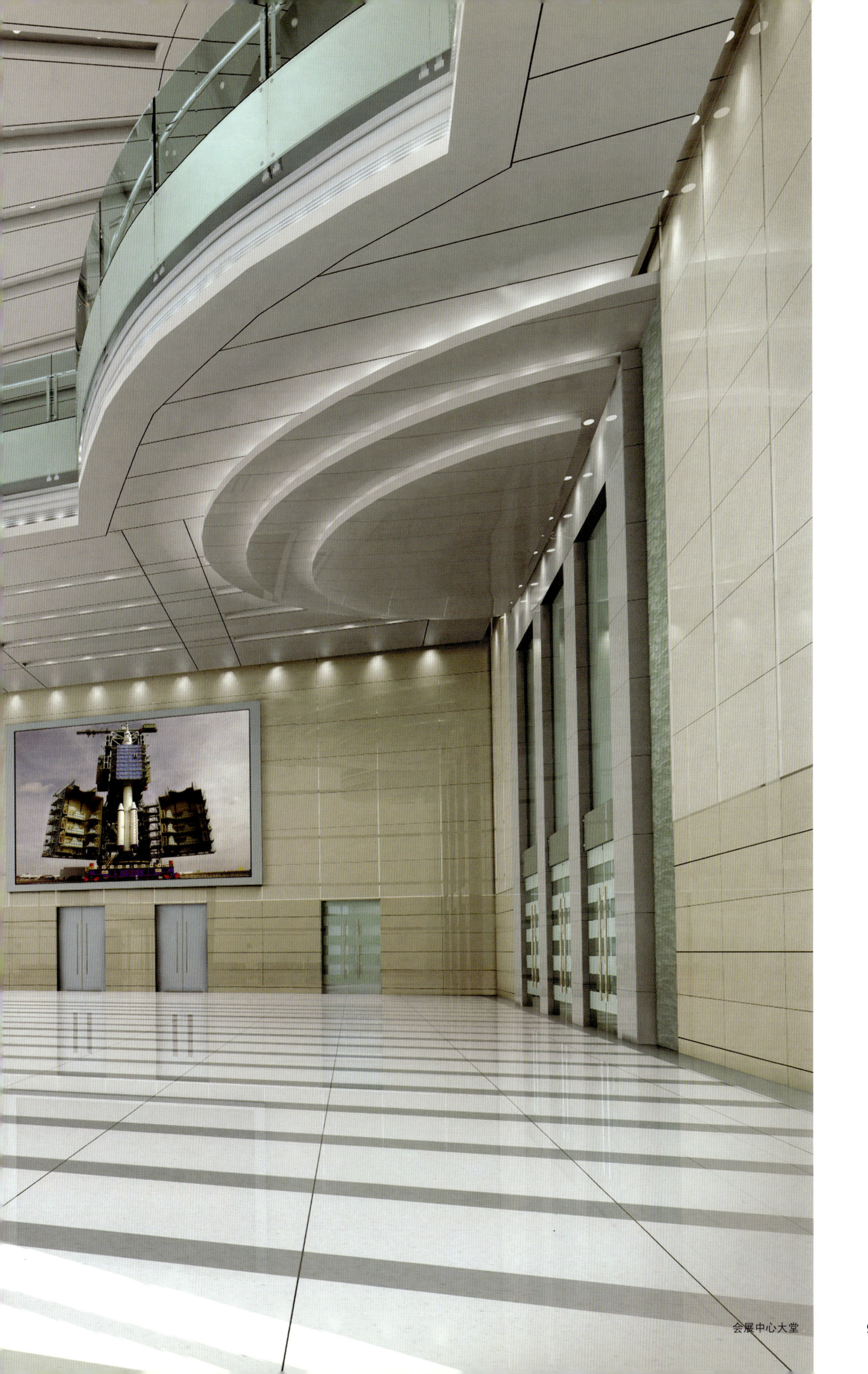

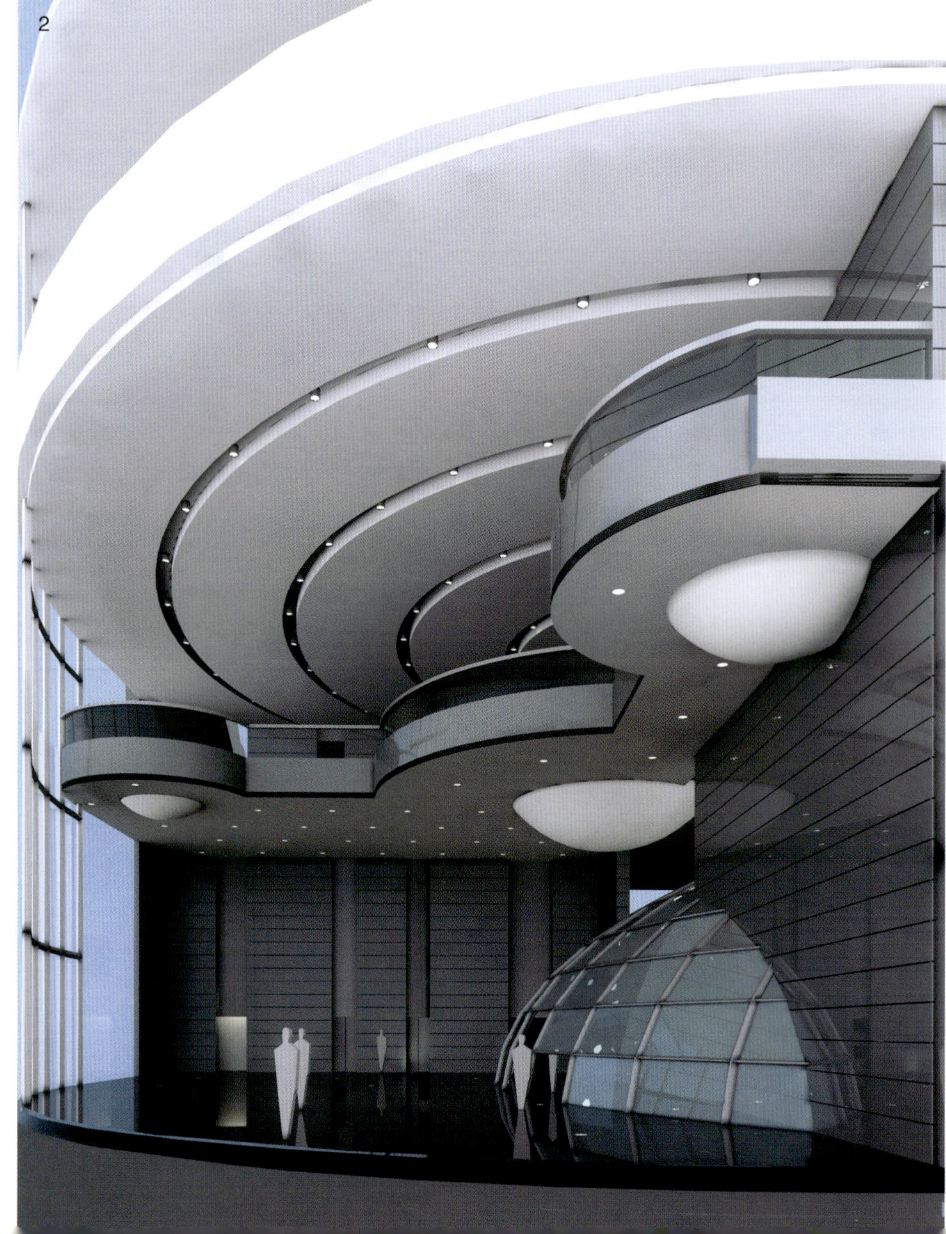

1.大展厅
2.会展中心门厅
3.会展中心剖面
4.会展中心门厅

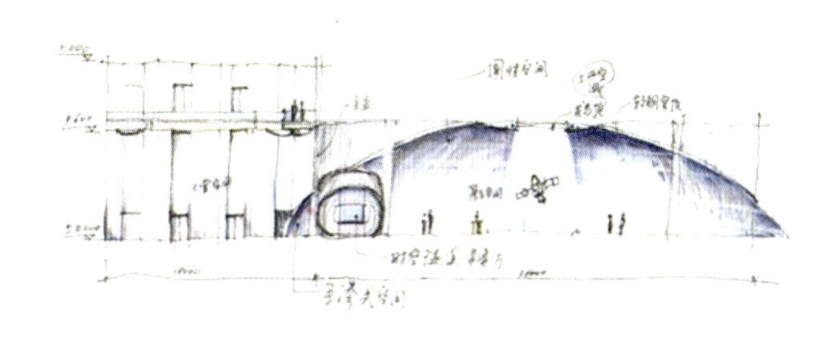

这个方案的突破在于对展厅空间进行了大胆的改造，并赋予它强烈的生命力和震撼力。同时会展中心展厅和门厅之间的关系变得更为密切、有机，从而构成和谐有序的空间关系。

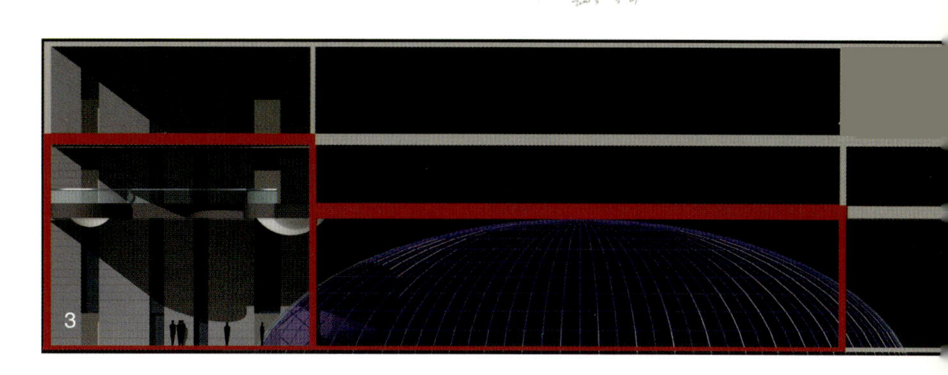

录像厅被设计成时空隧道，在这里可以感受到速度和时空的无限。

1.录像厅
2～4.小会议室

1
2
3
4

北京电子城科技园管委会办公大楼

项目名称：北京电子城科技园管委会办公大楼

委托业主：北京电子城科技园管委会

项目地点：北京市朝阳区酒仙桥路

设计面积：约 $6000m^2$

设计周期：2001 年 12 月～2002 年 5 月

设计小组：

方案主创：齐建会　吴向阳　易　军

方案设计：李志鸿　杨晓巍　韩祥波

施 工 图：吴松阳　易　军　郭　晖

万　光　刘　超

作为中关村科技园的一部分，北京电子城科技园是一个电子科技研发生产中心，电子城科技园管委会大楼设计中不仅要考虑管委会行使政府职能的特点，更要考虑其高科技的特性。本案的设计从营造强烈的现代感和高科技风格入手，同时考虑庄重大方的气质，并将二者很好地结合，最终完成的工程获得中国装饰协会优秀装饰工程奖。

1.大堂二层跑马廊
2.大堂侧视图
3.大堂正面透视

1. 总经理办公室
2. 电梯厅
3. 多功能厅
4. 大会议室

2

办公区的设计采用明朗的直线条，很好地表现了行政管理机关的形象特征。色彩非常明快，设计手法大气又不夸张，造型简洁但充满力量，这一切都与使用者身份非常吻合。

4

1.办公区走廊（实景照片）
2.办公区前厅（实景照片）
3.大堂侧视图（实景照片）
4.大堂（实景照片）

大堂细部（实景照片）

中国工商银行数据中心（北京）

项目名称：中国工商银行数据中心（北京）
委托业主：中国工商银行北京市分行
项目地点：北京市海淀区西三旗
设计面积：20000m²
设计周期：2001 年 12 月～2002 年 4 月
设计小组：

方案主创：何　弢　（英国特邀）
方案设计：齐建会　邓智勇　付岳峰
制 作 组：李志鸿　韩祥波　薛　峰
施 工 图：胡亚茹　王玉玲　邓智勇　王雪雁

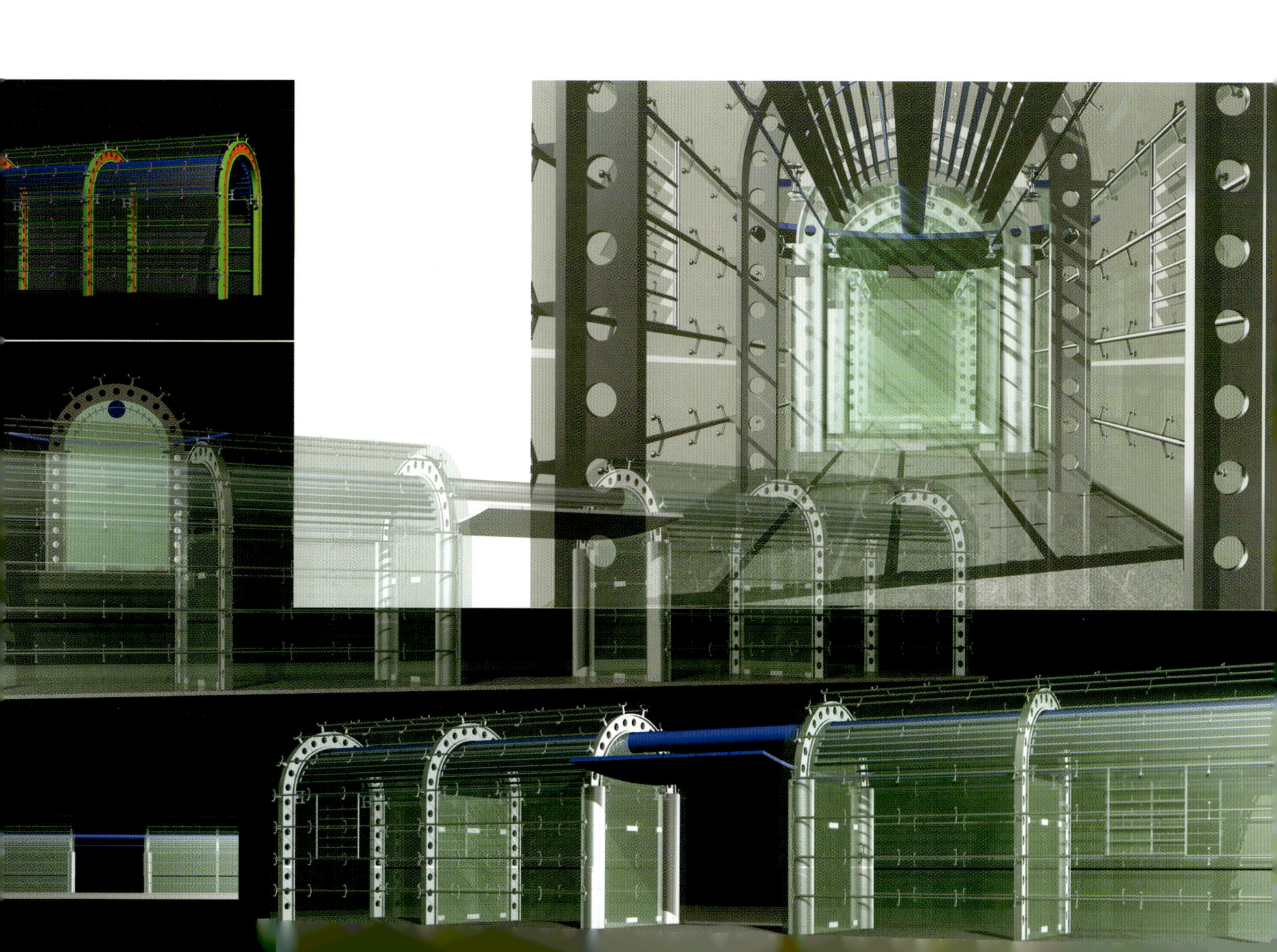

本案是在国际著名建筑大师何弢先生亲自指导创意下完成的，空间的宏大气势与玻璃桥的独特充分展现了大师风范。这个设计对我们而言，是一个难得的学习机会。在设计过程中，我们受益匪浅。同时，通过本案的设计，何大师也对我们建立了信任并形成了固定的合作关系。

软件开发大堂

玻璃桥的轻盈精致与大堂的粗犷奔放形成鲜明对比。

1.大堂玻璃桥
2.办公走廊
3.办公区
4.行长室

2

3

4

上海银峰大厦

项目名称：上海银峰大厦
委托业主：上海银都商城发展公司
项目地点：上海市浦东区
设计面积：58000m²
设计周期：2003 年 6 月
设计小组：

方案主创：徐　萍　石激澜　孙安国
方案设计：魏　宁　杨　柳
制 作 组：刘明昕　王　宁　李　滢

上海银峰大厦是上海浦东第三高楼，由于采用了混凝土结构，大堂中心结构尺度非常巨大，给室内设计带来了一定的难度。我们的设计在解决上述矛盾和空间设计方面进行了有益的尝试。

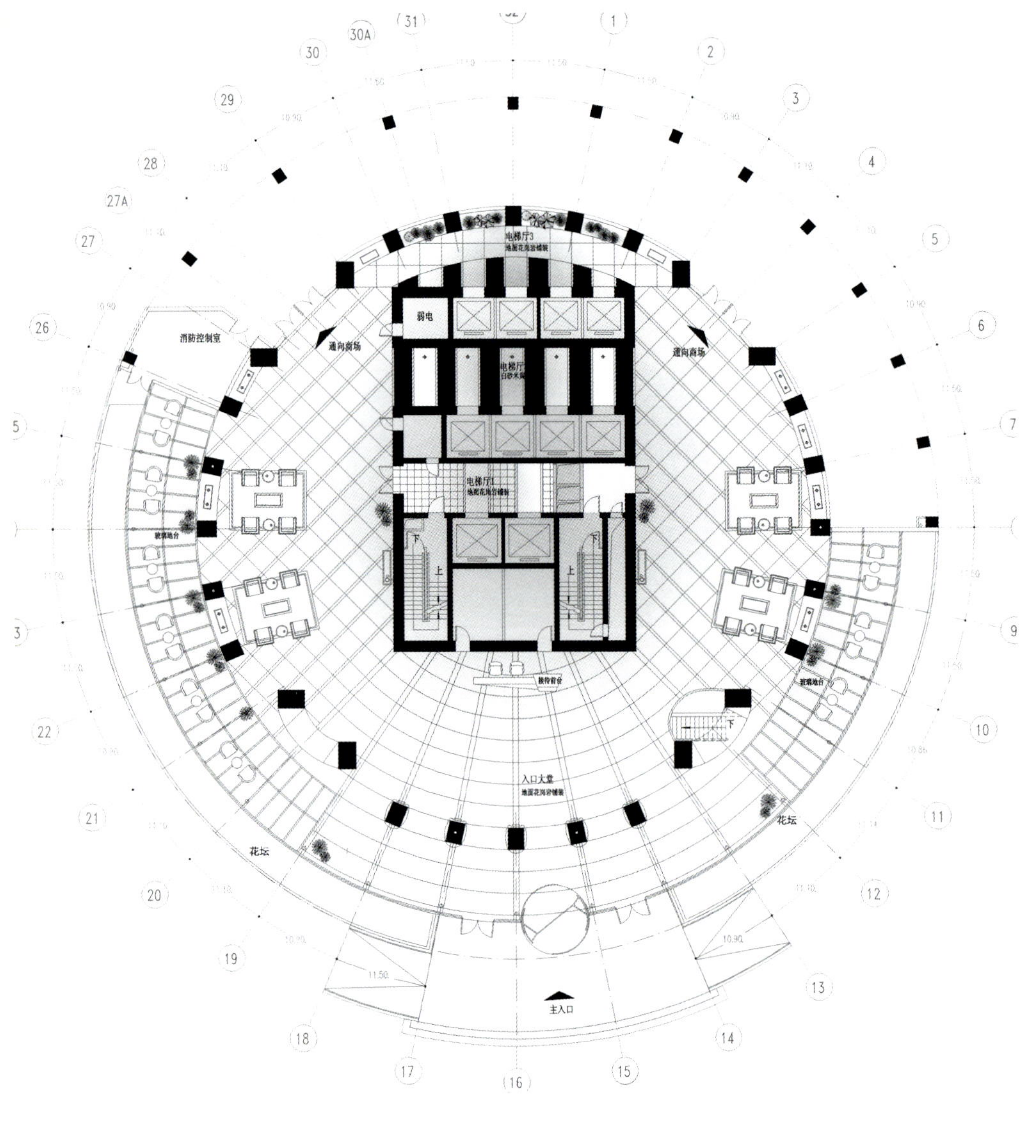

高区电梯厅

低区电梯厅

高区电梯厅

低区电梯厅

1. 大堂内的巨型柱子
2. 大堂侧厅
3. 大堂仰视

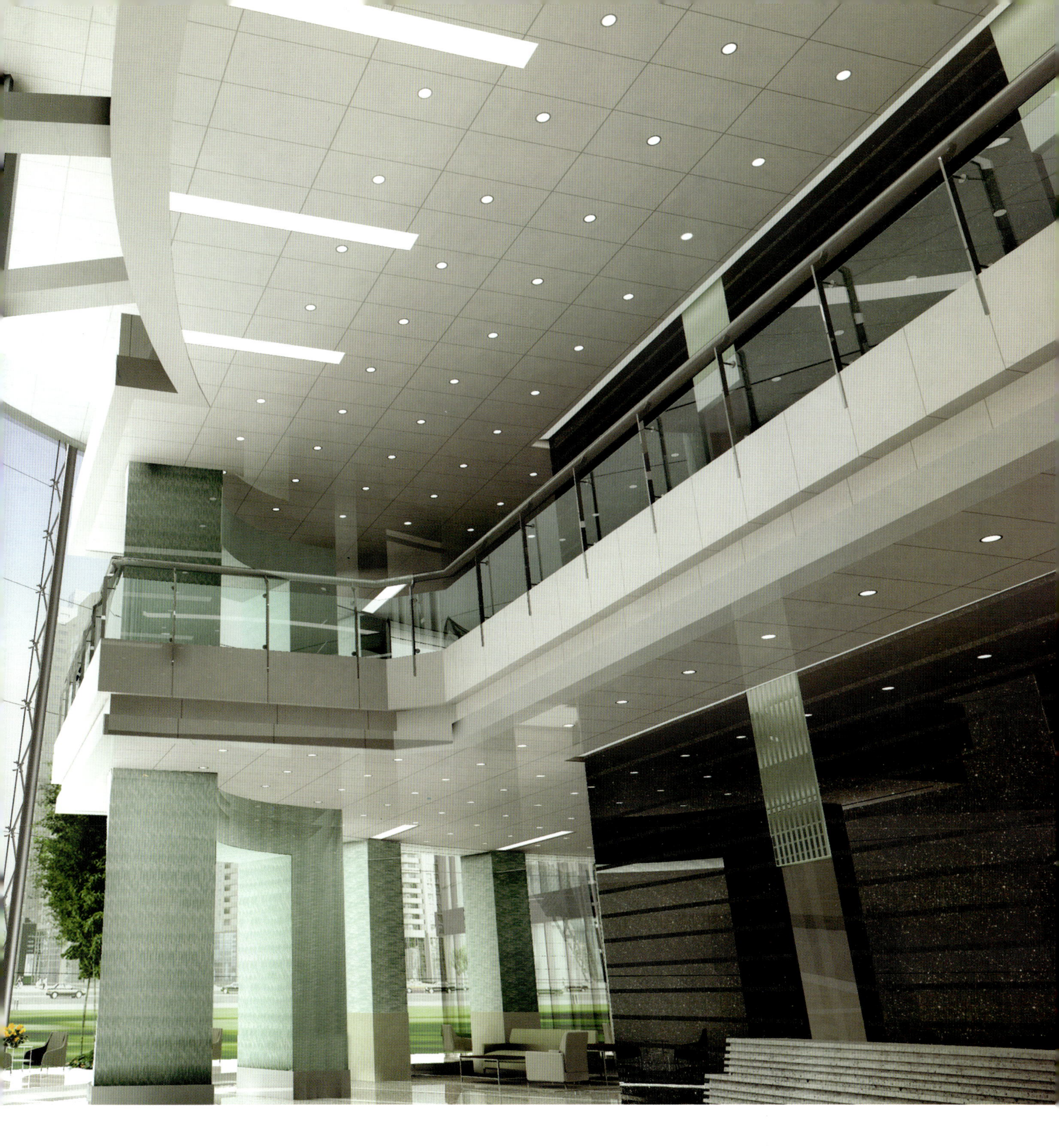

大会议室

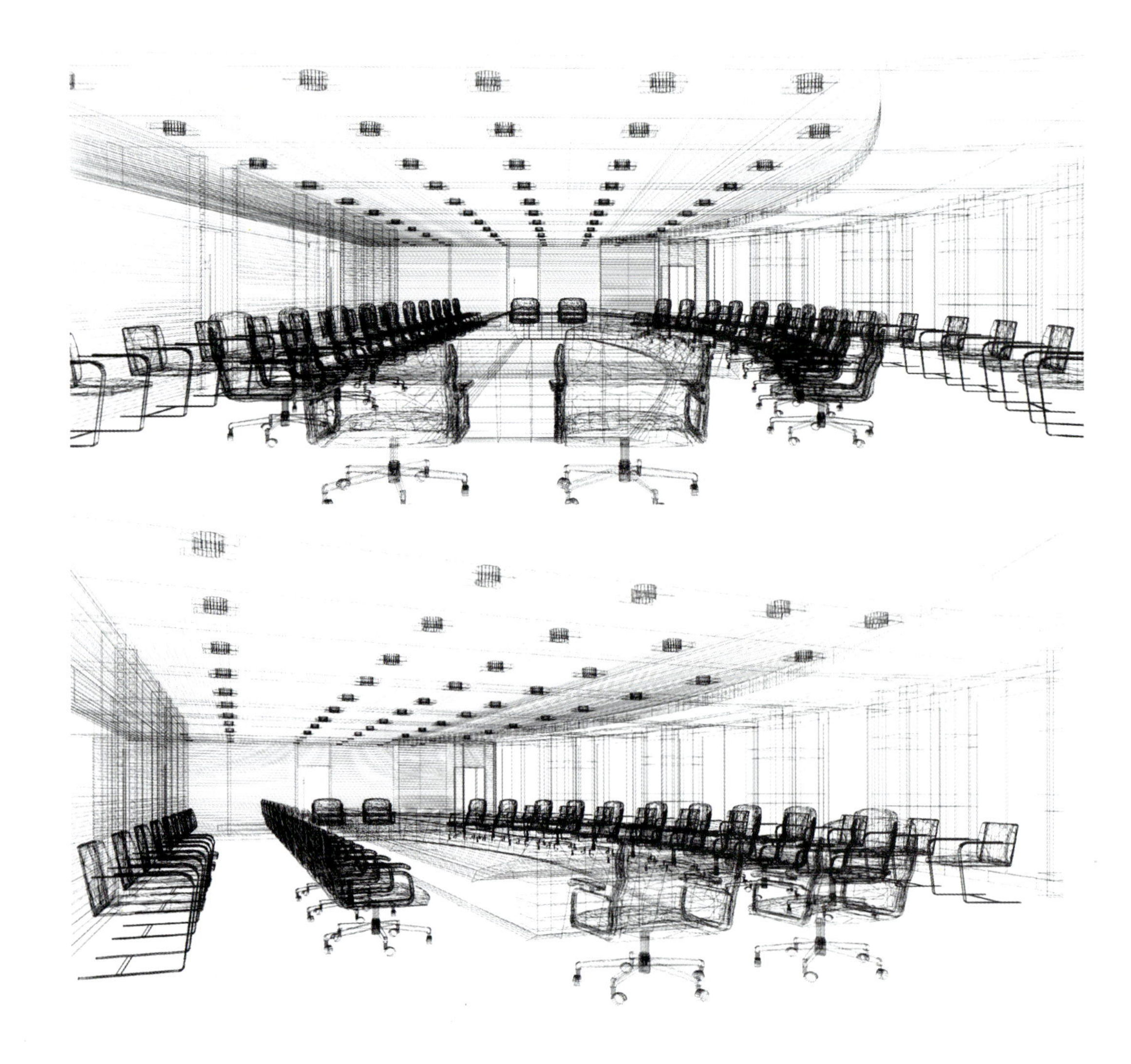

双威视讯有限公司办公楼

项目名称：双威视讯有限公司办公楼

委托业主：中广媒体双威视讯有限公司

项目地点：北京市东三环路京汇大厦

设计面积：6000m^2

设计周期：60天

设计小组：

方案主创：齐建会　易　军

方案设计：朱宪华　李志鸿

制 作 组：李志鸿　袁　涛　朱宪华

施 工 图：易　军　万　光　吴松阳　吕宏宇

前台（实景照片）

多功能厅是整个办公区中最重要也是最有特色的空间，它有8m的层高，又是28层建筑的顶层，视野非常开阔。本案的设计从一开始就得到业主一致的认可，从完成的效果看，确实气势恢弘、不同凡响。

1. 多功能厅
2. 多功能厅顶部造型
3. 多功能效果图

2

3

1

8m高的开敞办公区是办公楼里最富有特色的区域。设计时，我们针对现场的实际情况做了大量调整，最终完成的结果是越改越简化。从施工后的照片看来，是比较令人满意的。

1. 开敞办公区设计方案效果图
2. 开敞办公区完成后实景

接待厅设计很好地体现了传媒公司的艺术品位，特别是接待厅休息区的设计更充满了艺术气息，给来访者留下深刻的印象。

1

1. 接待厅休息区
2. 接待大厅
3. 演员休息室
4. 演员休息室实景

OFFICE BUILDING OF QINGDAO COMMUNICATION CORPORATION

青岛市通信公司办公大楼

项目名称：青岛市通信公司办公大楼

委托业主：青岛市通信公司

项目地点：青岛市东海路

设计面积：23000m²

设计周期：2002 年 11 月

设计小组：

方案主创：吴向阳　夏秀田

方案设计：齐建会　易　军　张晓燕

制 作 组：韩祥波　万　杰　李志鸿　王海涛　李　贞　吕宏宇

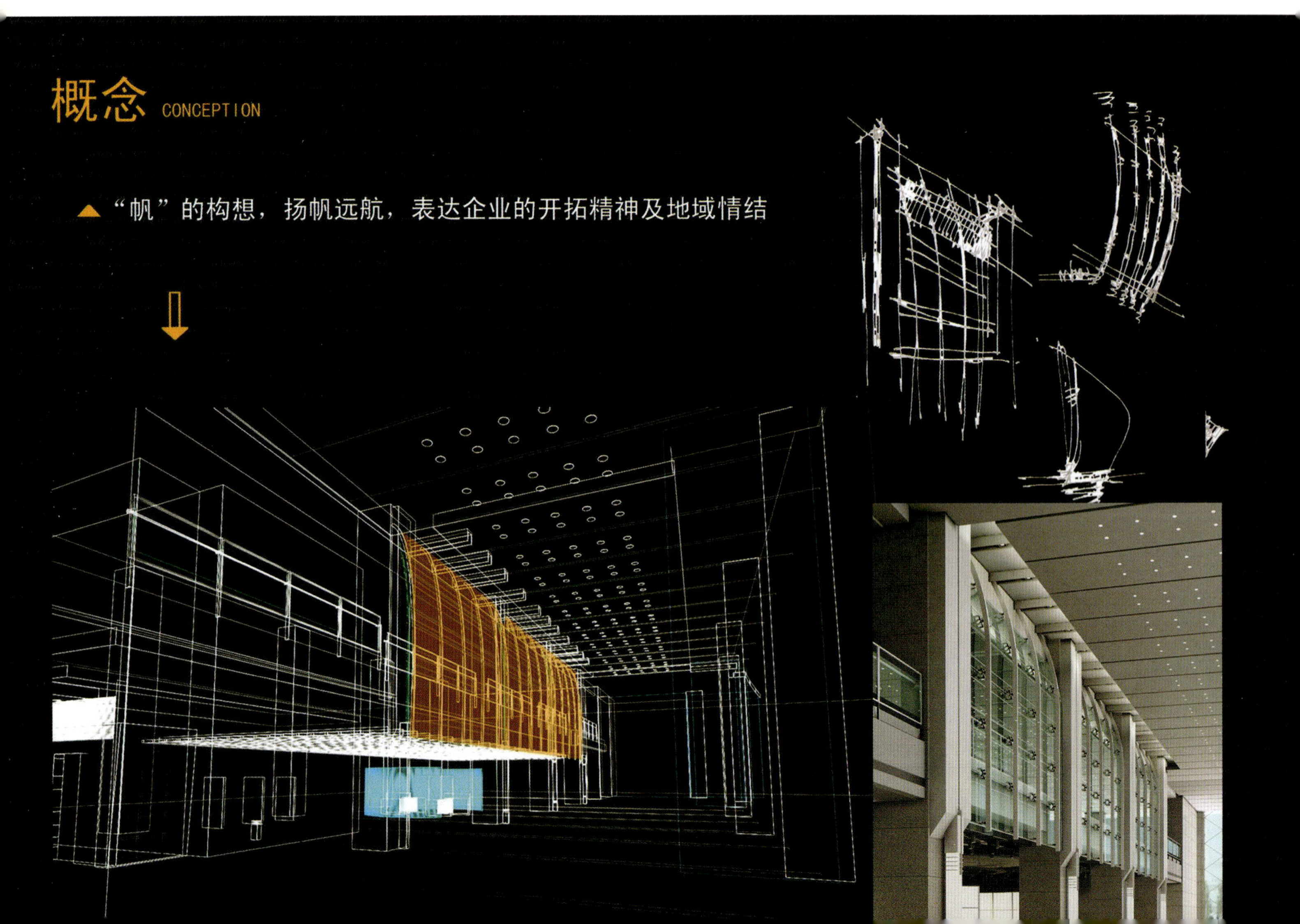

概念 CONCEPTION
“帆”的构想，扬帆远航，表达企业的开拓精神及地域情结

1. 设计概念分析
2. 大堂透视图
3. 大堂新技术展示区

青岛市通信公司位于滨海的香港西路边，面向大海。开阔的大堂、充足的阳光，令人产生无限的遐想。面向大海的正面，我们用充满高科技风格的点式玻璃结构刻画出一组张开的帆的形象，帆的背后是展览厅。这样的设计使建筑的空间与大海的氛围融为一体，特征鲜明、充满个性。

1. 大堂展开透视
2. 大堂全景

1. 电梯厅
2. 员工餐厅
3. 二层展示厅
4. 员工休息区

西门子电气传动有限公司办公室

项目名称：西门子电气传动有限公司办公室

委托业主：西门子电气传动有限公司

项目地点：天津市津塘路

设计面积：2000m^2

设计周期：21 天

设计小组：

方案主创：韩祥波

方案设计：韩祥波　张晓燕

制 作 组：韩祥波　杨宇光

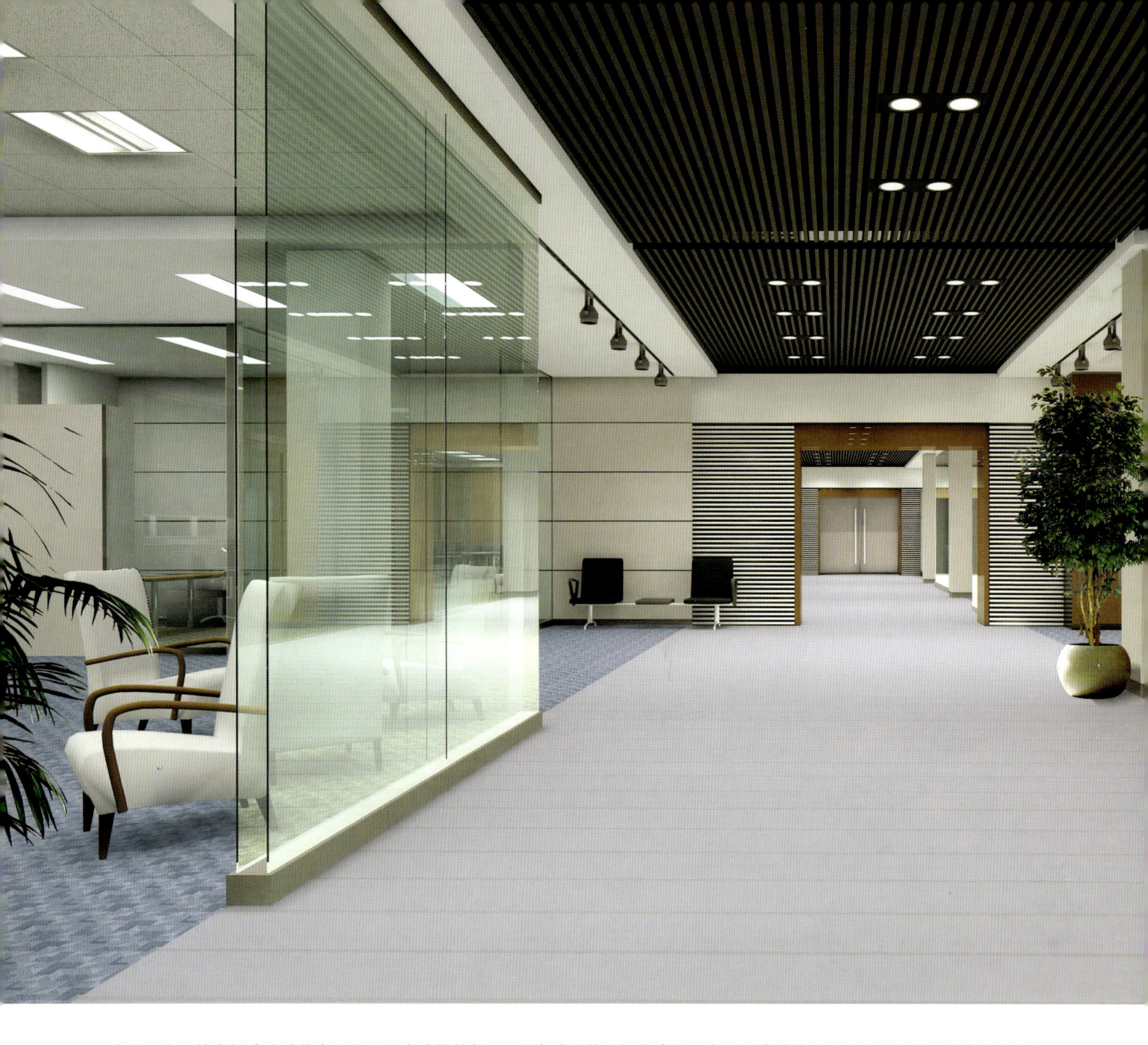

这是一座旧的车间改造成的办公室以及多功能的餐厅。原有建筑的空间非常大，使得设计时感到十分舒展自然，设计方案完成后，以其简洁大气，富于国际化的特征而得到外方企业主管的高度认可，最终得以实施。

2

3

1. 开放办公区
2. 办公区走道
3. 洽谈室
4. 开放办公区
5. 酒吧
6. 小酒吧
7. 门厅

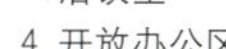

商场类空间
EMPORIUM SPACE

大连海昌名城

项目名称：大连海昌名城

委托业主：海昌集团

项目地点：大连市天津街

设计面积：80000m²

设计周期：45 天

设计小组：

方案主创：CALLISON（美国）SONG PAK

设计顾问：王志方　周　斌　刘秉巍

方案设计：齐建会　张　天　易　军　王雪雁

制 作 组：刘明昕　王文强　朱立明　贾振宇
岳　鹏　尚　坤　李　滢

施 工 图：胡亚茹　燕　娟　王玉忠　戴　文
张　静　王　伟　聂　芳　魏　宁

商场中厅透视一

大连海昌名城是大连市商业中心天津街的一座大型购物中心，总建筑面积达到8万m^2，由国际知名的商场设计公司——美国的CALLISON公司完成概念及整体方案的设计，我院完成方案的深化、细化完善工作。根据原设计的构思，这个商场将被设计成具有很强的休闲气氛的一座城中之城，客人沿着不同区域的街道穿行于精品店中店之间，在几个不同功能、不同风格的共享中庭会合。共享中庭均有采光天窗，将阳光引入整个空间，使人虽然置身商场中，同样可以感受到宛如街边漫步的舒缓与放松，呼吸到植物的清香，体会到春日阳光的明媚。

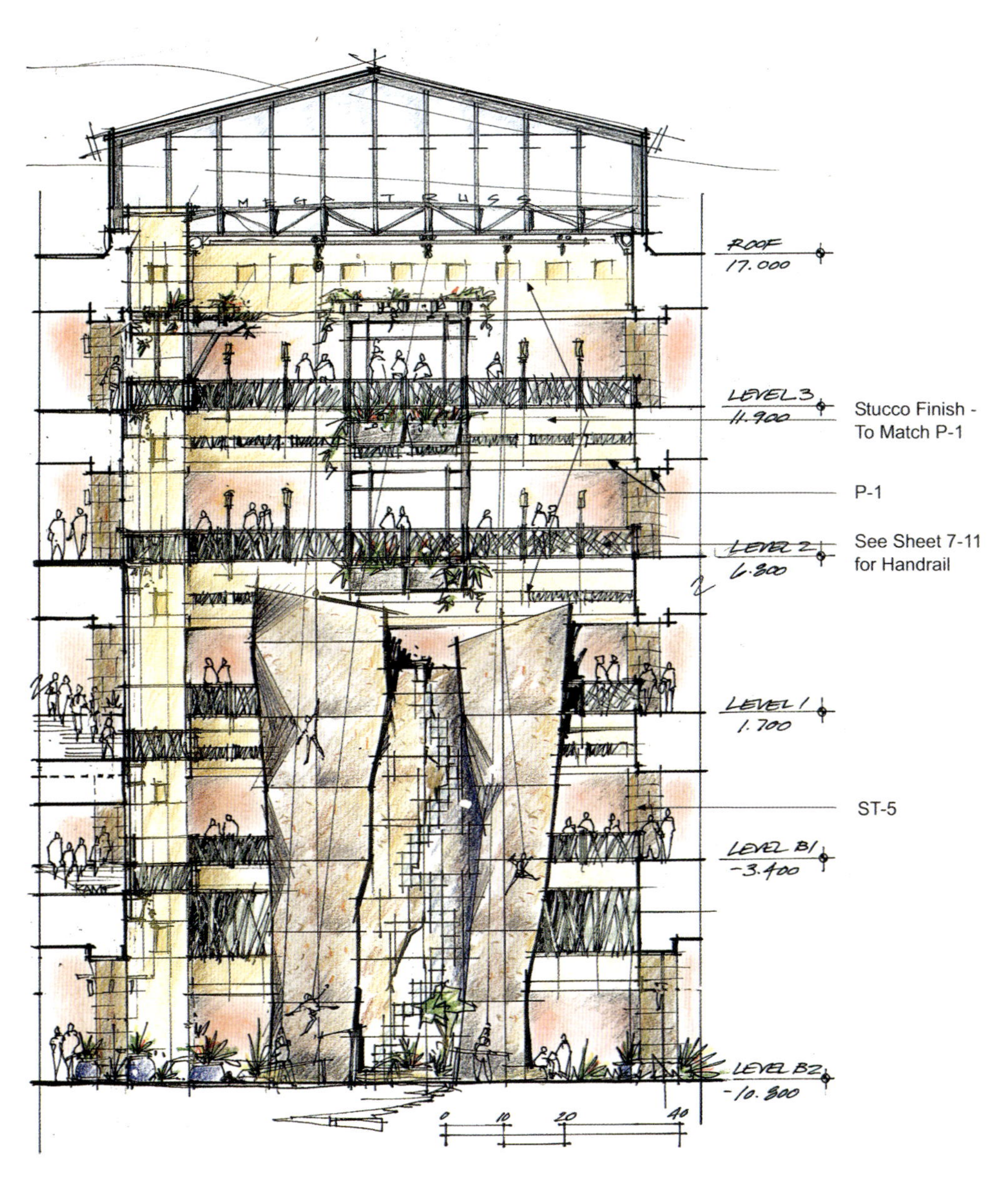

商场中庭透视及原创概念设计

1.圆形穹顶
2.平面图
3.连廊穹顶

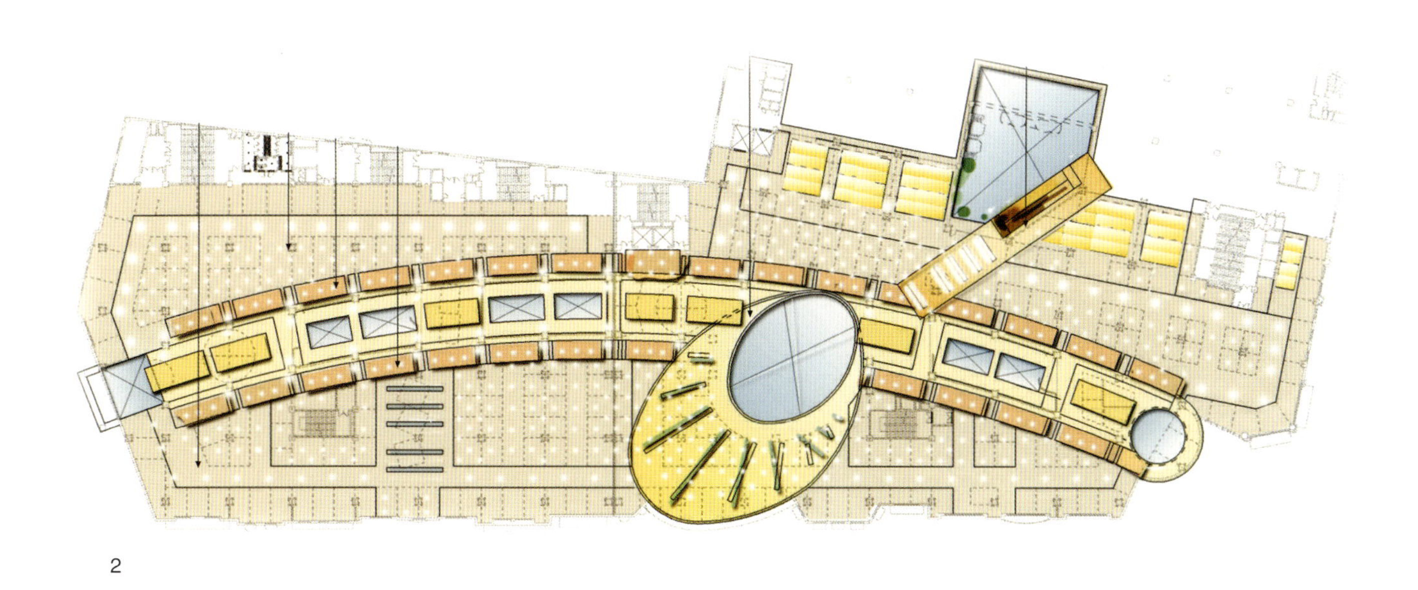

2

Hard Rock Live
SHOES

DAPHNE

商场内的设计全部采用室内空间室外化的手法，形成自然的商业步行街气氛。在材料上也同样追求质朴、自然，地面全部采用无光泽的地砖，墙面使用毛面砖或自然处理的石材，配合较多的庭院景观小品，很充分地表现了室外商业街形象特征。而在这种环境下，店铺的形象反而更加突出鲜明。

商场内的通道。台阶上是一个完全独立的"量贩"店，几级台阶提示人们商业区域的变化。

1

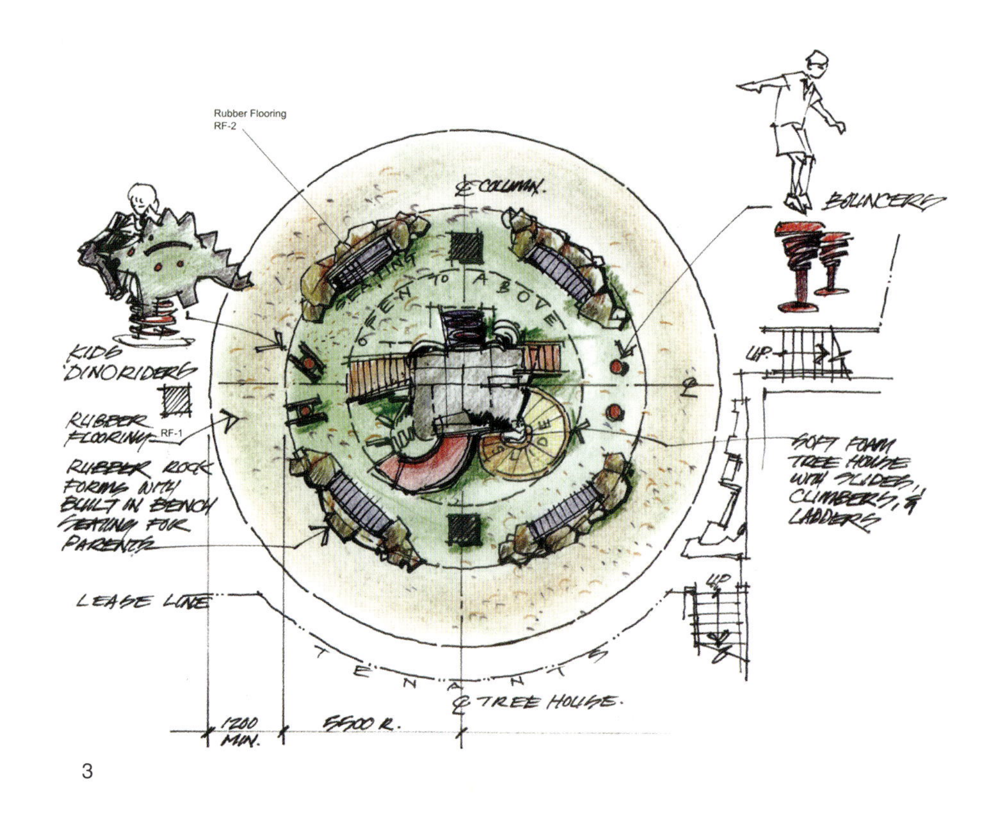

3

1. 圆形共享空间角度一
2. 圆形共享空间角度二
3. 圆形共享空间平面
4. 圆形共享空间角度三

2

1

2

美方设计师根据不同区域，不同类型的商业空间进行多种柜台及店铺的设计，以适应不同商品的陈设和销售需要。商业大厅的顶棚、地面均为规整统一的模式。一方面可以方便地调整商业柜台布局，另一方面也使整个商业区让人感到开阔、明朗。

3

1. 共享中庭
2. 商场设计概念（手绘）
3. 商场

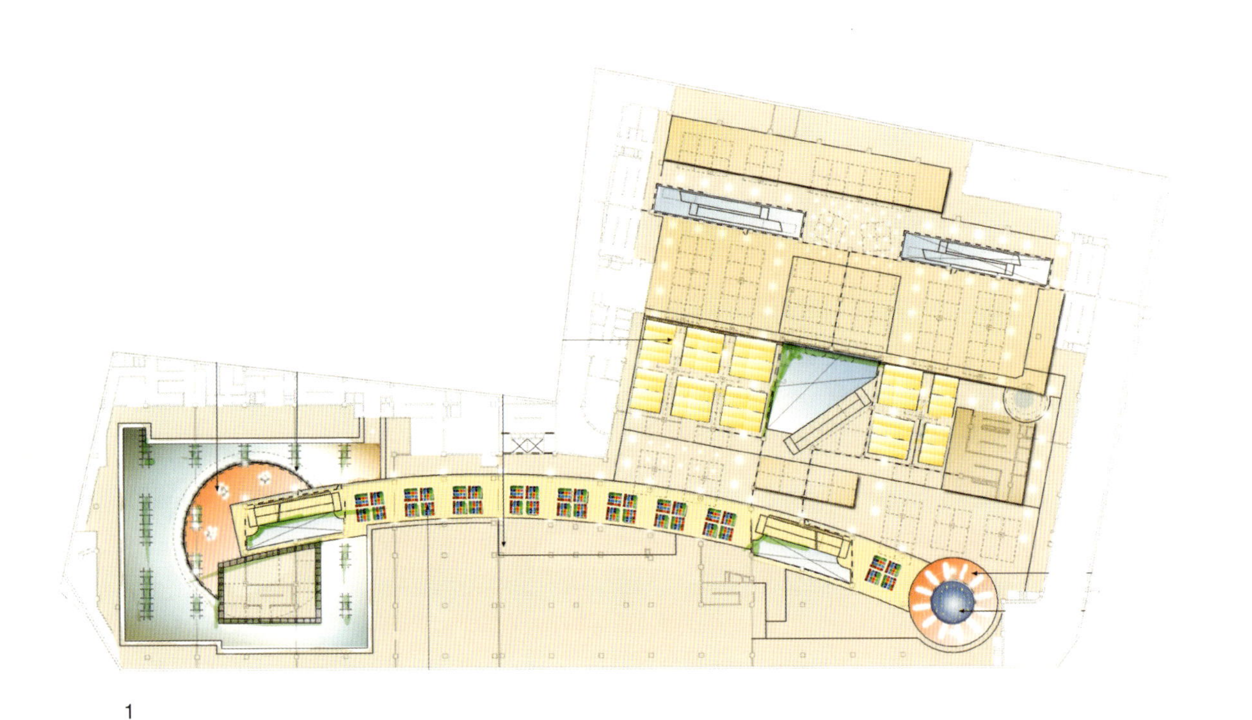

1

2

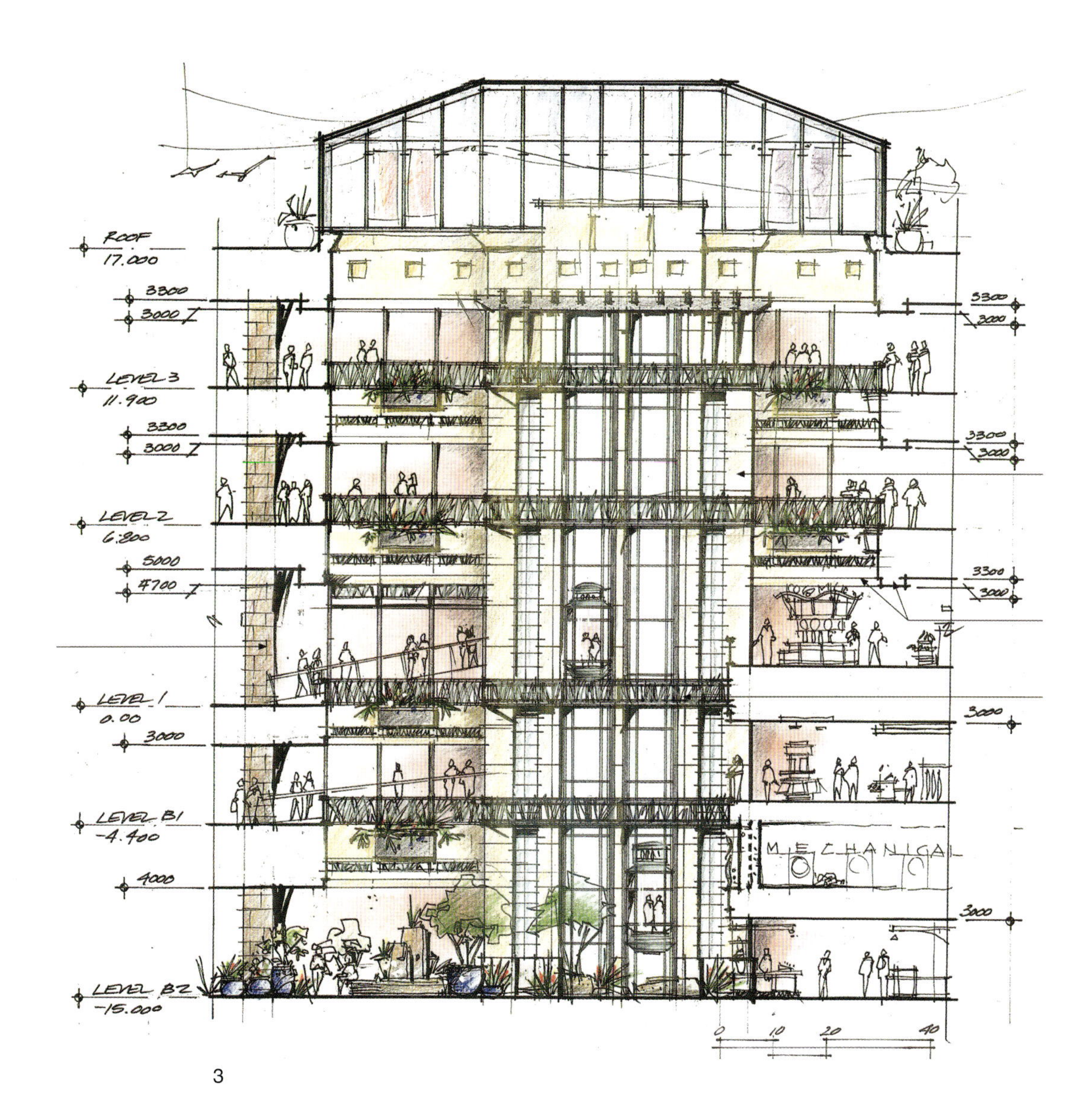

3

1. 平面图
2. 通道空间
3. 立面设计概念图（手绘）

天雅大厦

1

2

项目名称：大红门天雅大厦
委托业主：北京三利商城房地产开发有限公司
项目地点：北京丰台区木樨园
设计面积：51000m²
设计周期：2002 年 10 月～12 月
设计小组：

方案主创：齐建会
方案设计：易 军 韩祥波 夏秀田
制 作 组：王海涛 李 贞 韩祥波 万 杰
施 工 图：杨宇光 吴松阳 邱 爽 刘 超 王 兰

1. 大堂展开透视
2. 公共通道
3. 精品店

1

2

大红门天雅大厦是中国服装市场的一面旗帜，它采用店中店的经营形式。本设计中，我们重点对其公共区域人流动线及通道进行了全面周到的设计，使之成为颇具时尚品位和档次的一座大型商场，成为北京批发市场中的高档商场，一改批发市场的旧面貌，得到各界的关注和好评。

1.大堂中厅
2.精品店
3～5.不同类型不同楼层的商场通道

医疗类空间

HOSPITALS SPACE

安徽省立医院急救中心

项目名称：安徽省立医院急救中心

委托业主：安徽省立医院

项目地点：安徽省合肥市

设计面积：15000m^2

设计周期：2003 年 9 月 12 日～10 月 11 日

设计小组：

方案主创：齐建会　张　天

方案设计：滕国琪　李大鹏　杨　柳

制 作 组：王　宁　贾振宇　岳　鹏　朱立明　张　磊　尚　坤　熊高文　李　滢

在生命面临危险的时候，我们都希望能够得到别人的帮助，都希望得到快速、高效、先进的救治手段；都希望有一个整洁、静谧的就医环境。来到这里——安徽省立医院急救中心，便可以让恐惧、紧张、期盼的心情平静下来。

进入大堂就要能够得到及时的救治服务，所以在大堂里增加设计了一个急救分诊台。

1.急诊大堂视角1
2.急诊大堂视角2
3.急诊大堂视角3

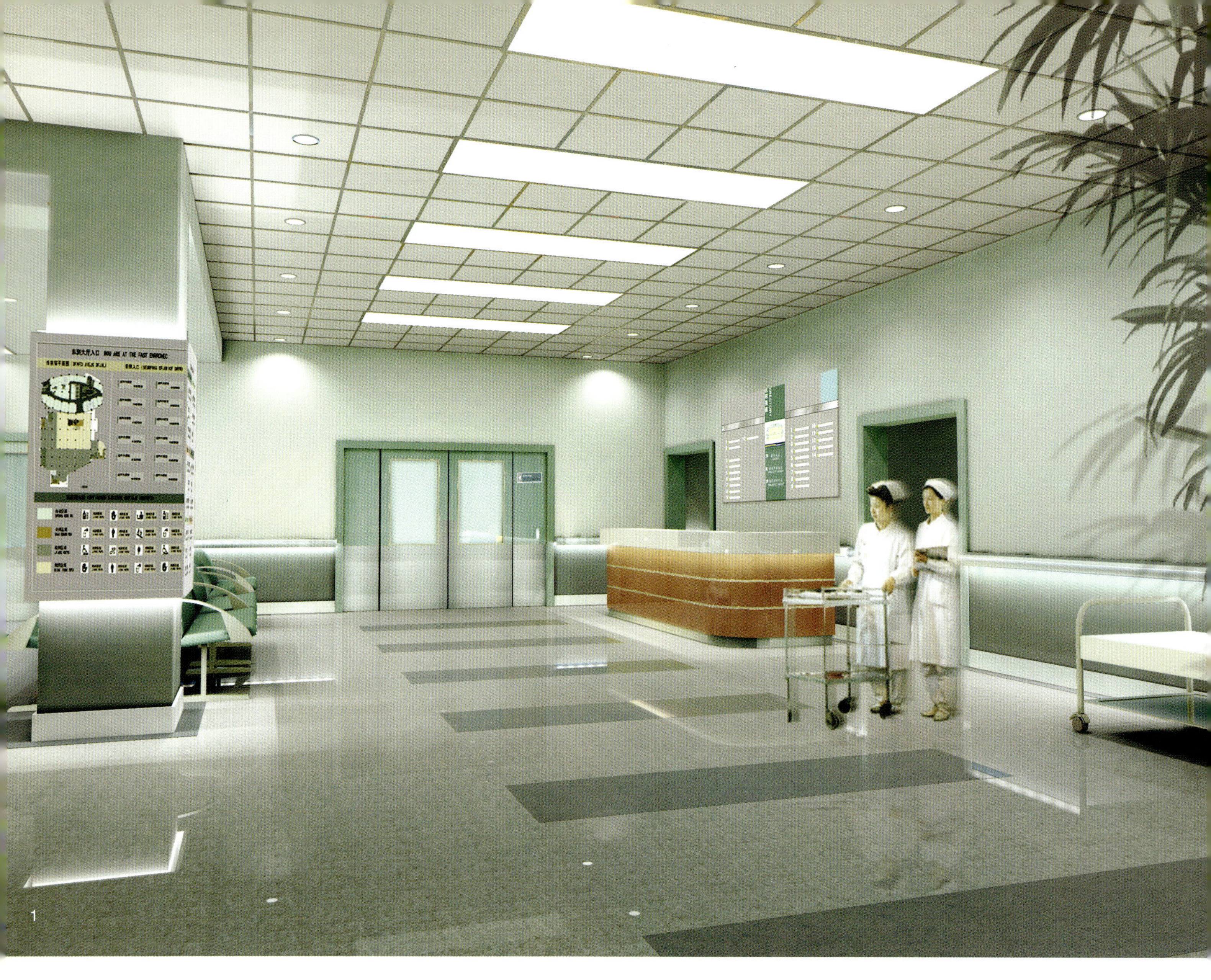

1

条形的透光灯片有序排列，可以感觉到速度的存在，均匀的照明又会令你融入一种宁静的氛围中。

1.抢救大厅视角1
2.护士站
3.抢救大厅视角2

2

在你还没有到达护士站时，便可以体验那份温馨，那份热情，那份精心。

3

透过大玻璃窗的阳光，在植物的叶茎间闪动，向你展示生命的美丽。

1.候诊大厅视角1
2.候诊大厅视角2
3.输液大厅

3

与家庭有着相似的布局与设备，在这里很少会想起自己还是病人。

地面与顶棚的形式延续了抢救大厅的基本要素，有着相似的空间氛围。

宽敞、简约，这里只有宁静与专注。

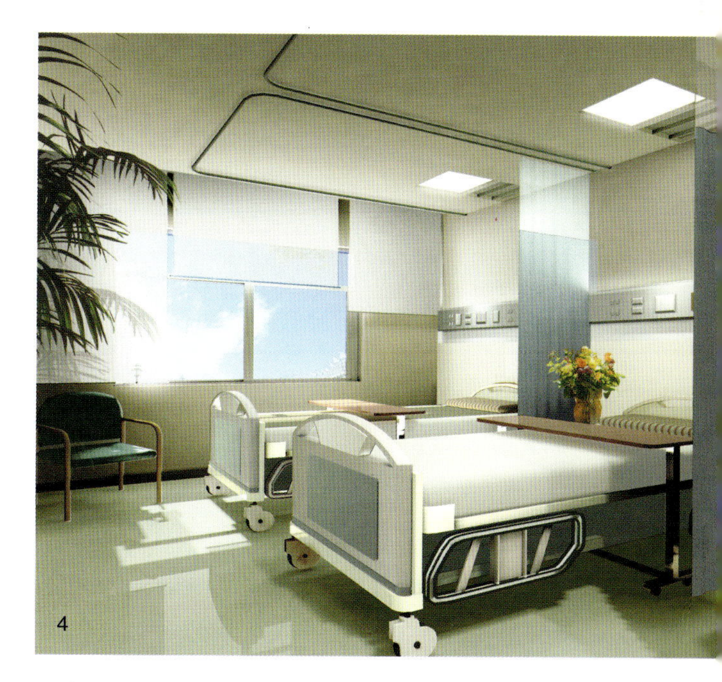

1.高级病房
2.中心会议室
3.电梯厅
4.普通病房

COMPLEX BUILDING OF THE HOSPITAL ATTACHED TO ANHUI MEDICAL UNIVERSITY

安徽合肥医科大学第一附属医院医技楼

项目名称：安徽合肥医科大学第一附属医院医技楼

委托业主：安徽医大第一附属医院

项目地点：合肥市

设计面积：38650m^2

设计周期：45 天

设计小组：

方案主创：齐建会　周百合

方案设计：幺士玉　徐　萍　汪　涛　张　静
贾振宇　王雪雁　燕　娟　王玉忠

制 作 组：刘明昕　王文强　王　宁　张　龙
朱立明　李大鹏　贾振宇　王俭林
尚　坤　李　滢　岳　鹏　熊高文

医技大楼

在高新装饰材料与现代施工工艺的整体背景下，突出以木纹、毛石、植物所营造出来的内庭院气息，表达出安徽医大附属医院医技楼以人为本的设计理念。创造了亲切、舒适、轻松的就医环境。

1.入口大堂视角1
2.入口大堂视角2
3.入口大堂视角3

塑胶地板、拉丝不锈钢、铝板等便于清洁的材料组合，提醒着人们对环境与健康的热爱。

1.护士站
2.病人活动室
3.病房走廊

这里的一草一木，都能引发室外环境中休息与活动的联想和记忆的设计语言。

极具张力的弧线形反光带赋予弧形走廊以生命。

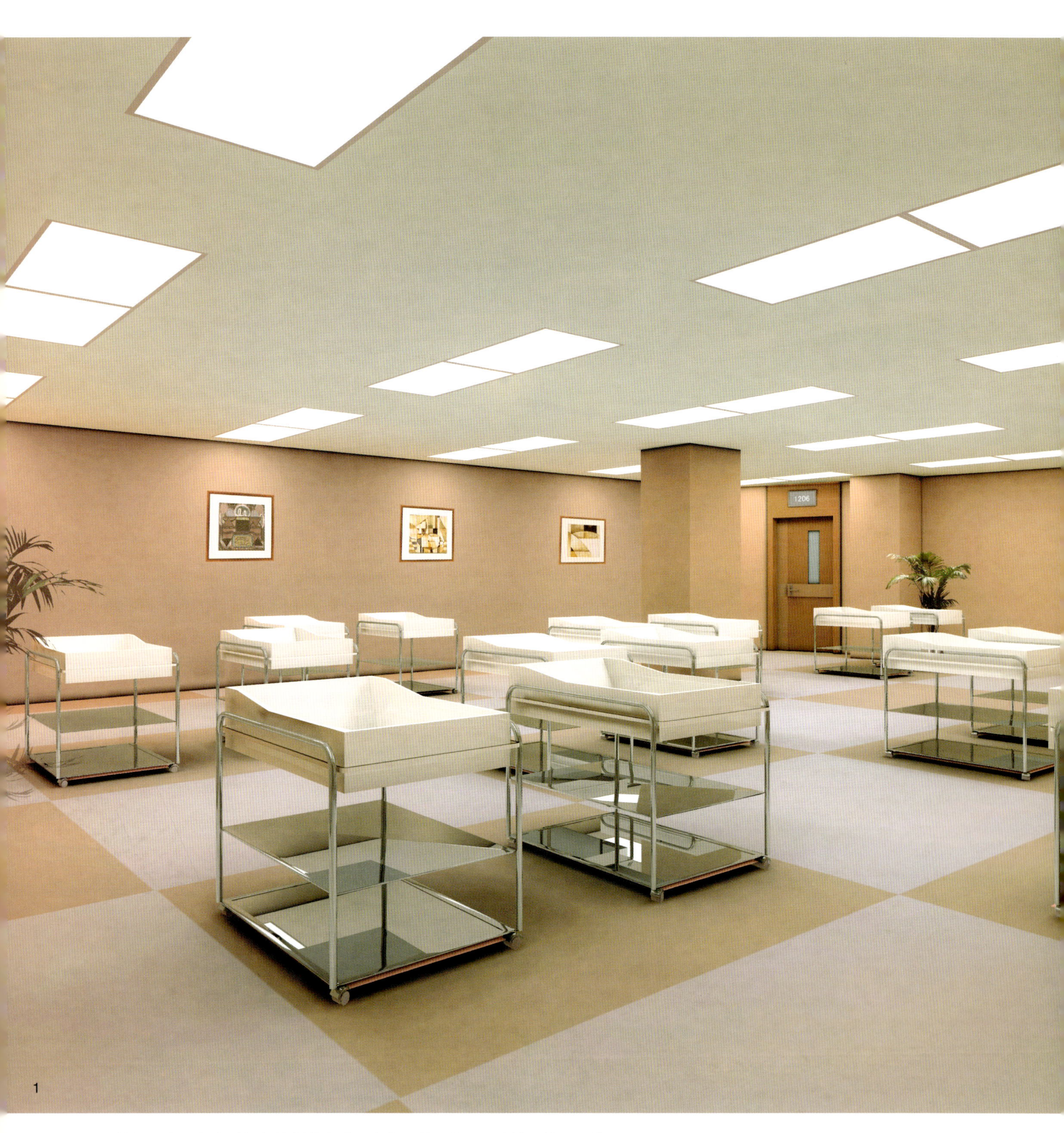

1

粉色是令人产生联想与憧憬的色彩，生命是美丽的，生命的开始更是美丽。

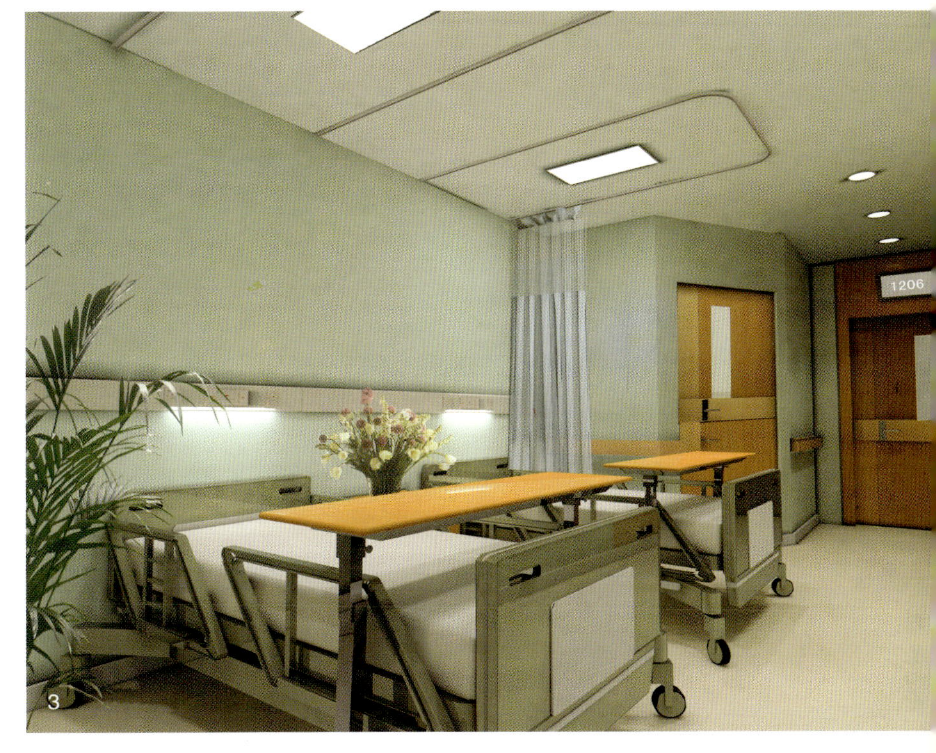

1.新生儿病房
2.卫生间
3.病房
4.病房

1

2

转移注意力是一种有效的休息方式。

1. 候诊厅
2. 候采厅
3. 电梯厅

有众多铝合金垂片组成的叶片形造型顶，可以创造出森林般的回声效果。

1.多功能厅
2.贵宾休息室
3.电教中心

中国医学科学院附属北京肿瘤医院

项目名称：中国医学科学院附属北京肿瘤医院

委托业主：中国医学科学院附属北京肿瘤医院

项目地点：北京市东二环南路

设计面积：43000m^2

设计周期：2002 年 9 月

设计小组：

方案主创：张鸣歧　夏秀田　齐建会

方案设计：张晓燕　韩祥波　易　军

制 作 组：李志鸿　薛　峥　韩祥波　万　杰

1

天水相接的自然主义设计意识，在大堂中表现得恰到好处，植物及木条装饰为这一设计增添了生命的气息。

五彩缤纷的家具及墙面装饰，加之近于随意的摆放方法，你会觉得自己身处一个庞大的客厅之中，在视野开阔且丰富的环境中休息。

1.门诊大堂
2.手术室家属等候区
3.走廊

密植的毛竹丛，喻示着生命力的旺盛，增强了战胜病魔的信心。

顶棚外露的建筑设备成为装饰语言的重要组成部分，与地面的序列区和谐统一。

1

错落的服务台与有序的窗
使空间层次丰富，富有活力。

2

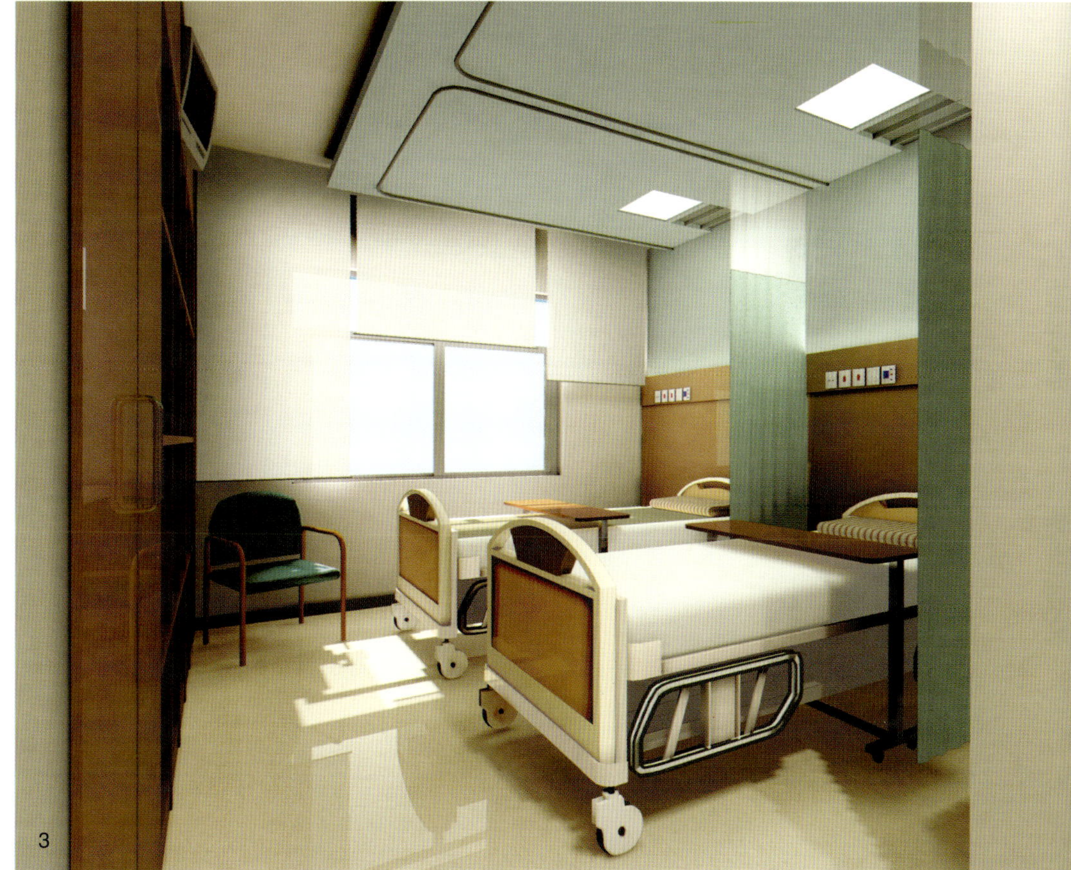
3

4

1. 走廊
2. 护士站
3. 病房
4. 护士站

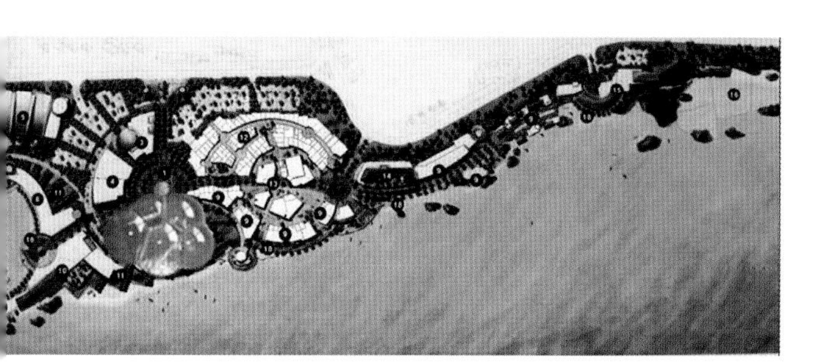

建筑类空间
ARCHITECTURE SPACE

青岛极地海洋科技馆

项目名称：青岛极地海洋科技馆

委托业主：大连海昌集团

项目地点：青岛市崂山区东海路

设计面积：35000m²

设计周期：60 天

设计小组：

方案主创：张宇峰　董少宇　ASK（日本）

方案设计：谢　峰　齐建会　甘　琦　黄明磊　朱　峰

制 作 组：石激澜　李大鹏　杨　柳　徐　萍　尚　坤　杨　鹏　赵欣欣

青岛极地海洋世界位于青岛市东海路东段，建筑面积.3.5万m^2，北依浮山，南傍黄海，是在原青岛海豚馆基础上改扩建而成，是一座集观赏娱乐、餐饮服务，科普教育为一体的集合性表演场馆。极地海洋馆核心部分将以极地海洋动物展示和表演为主，同时兼有海洋博物馆与科普展示的作用。

鸟瞰全景效果图

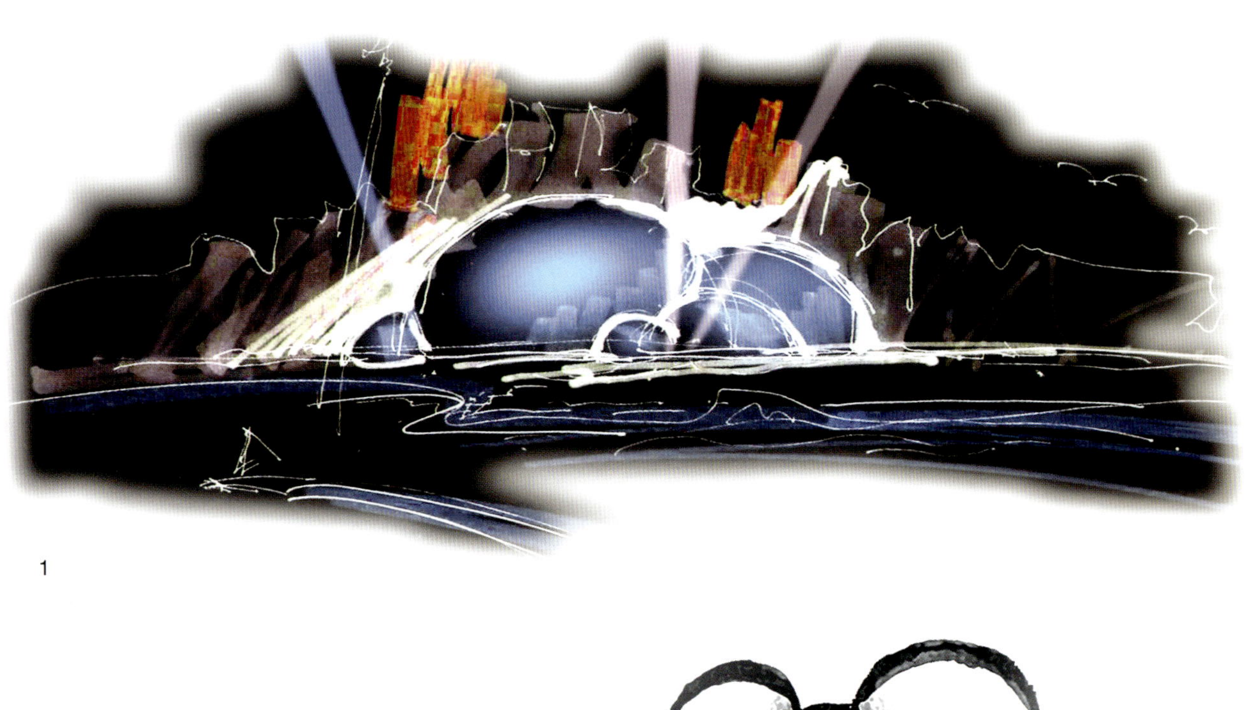

1

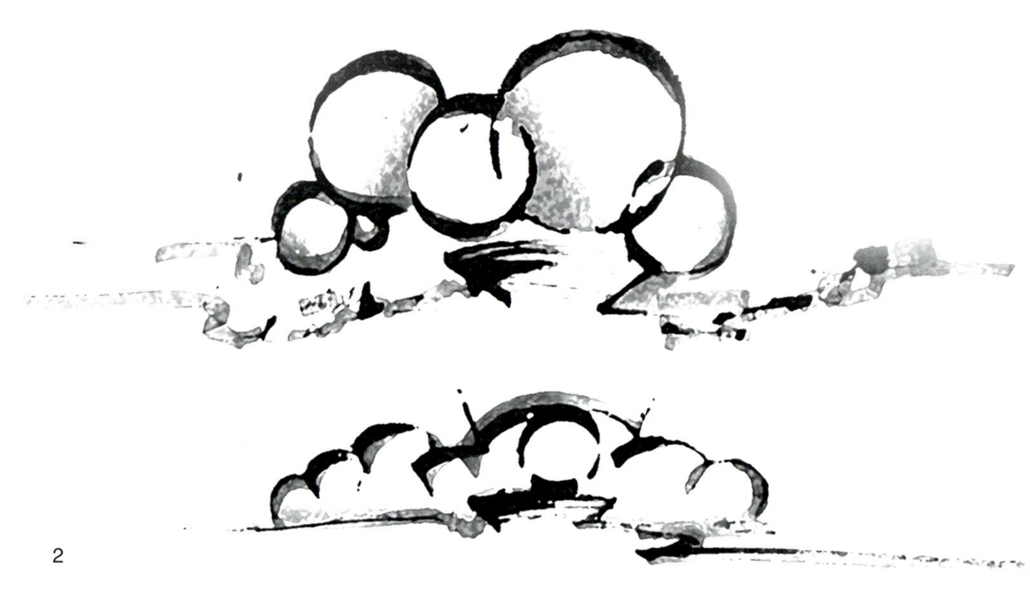

2

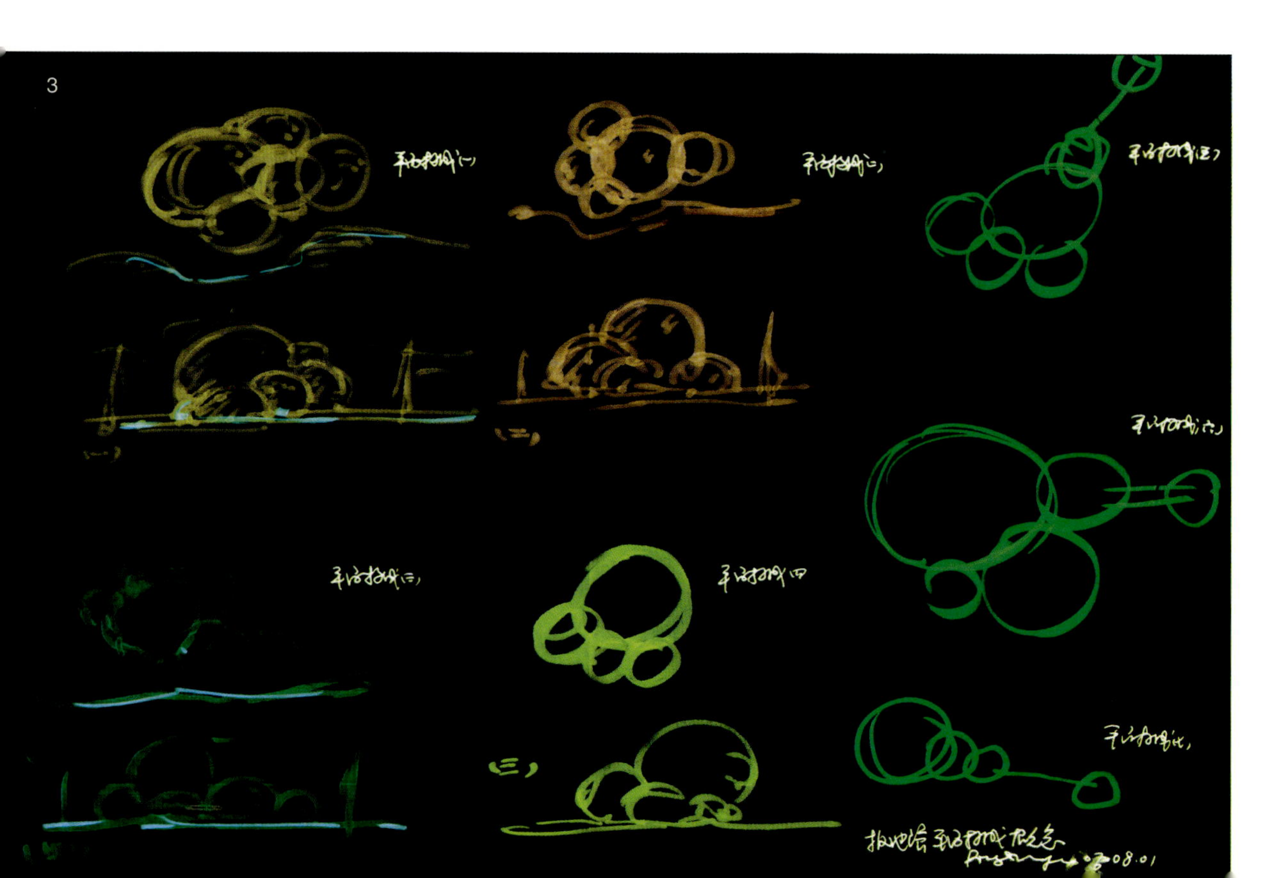

3

4

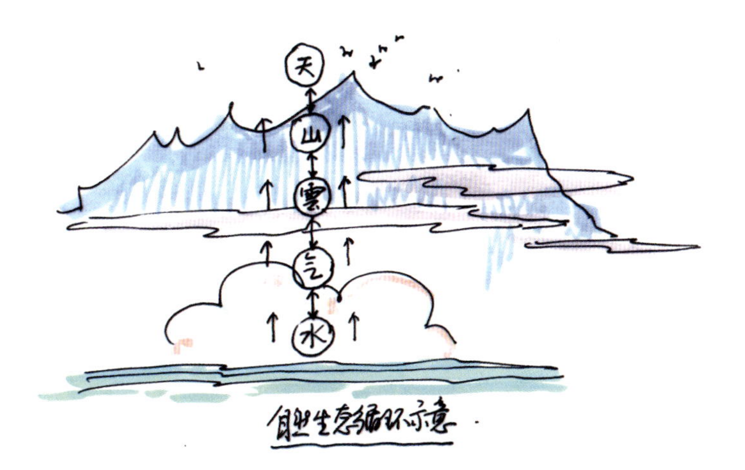

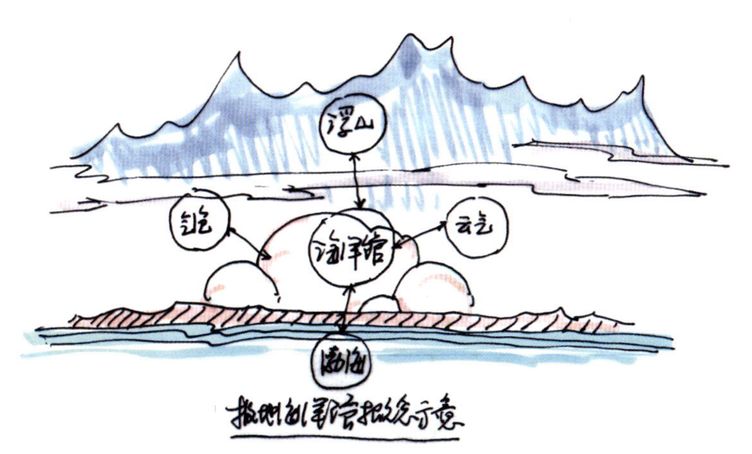

5

1. 气泡概念图
2. 平面构成概念手稿
3. 平面构成概念手稿
4. 海浪造型概念手稿
5. 气泡概念文化理论剖析图

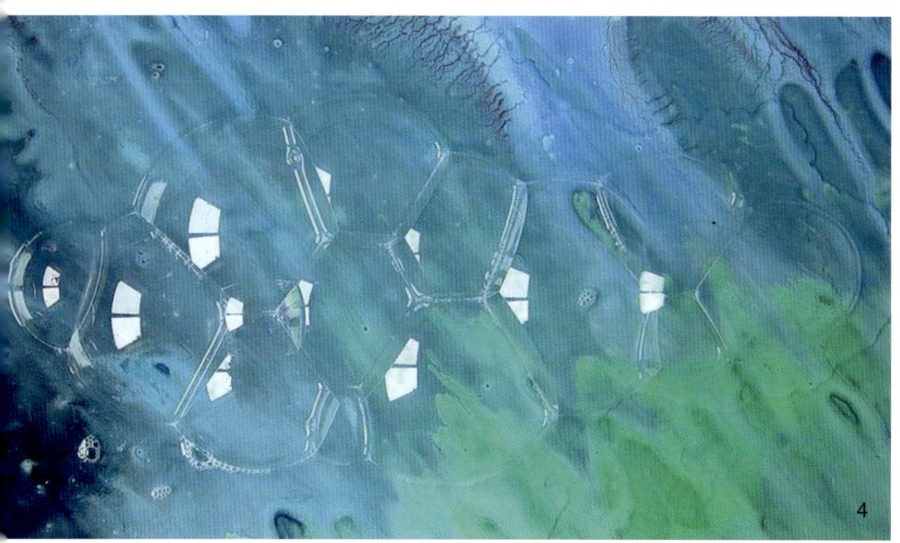

1～4. 自然肥皂泡照片
5. 气泡效果图
6. 气泡概念手稿

5

技术的可能性，使建筑摆脱传统的理性与逻辑的设计手法，使得我们在初期概念设计阶段，强调个性化，采用人类发泄情感的怪异形式。

我们期望通过一种大胆尝试能给甲方带来企业个性化、标志性的市场形象以及给予青岛这座城市一个具有地方代表性的旅游胜地。

6

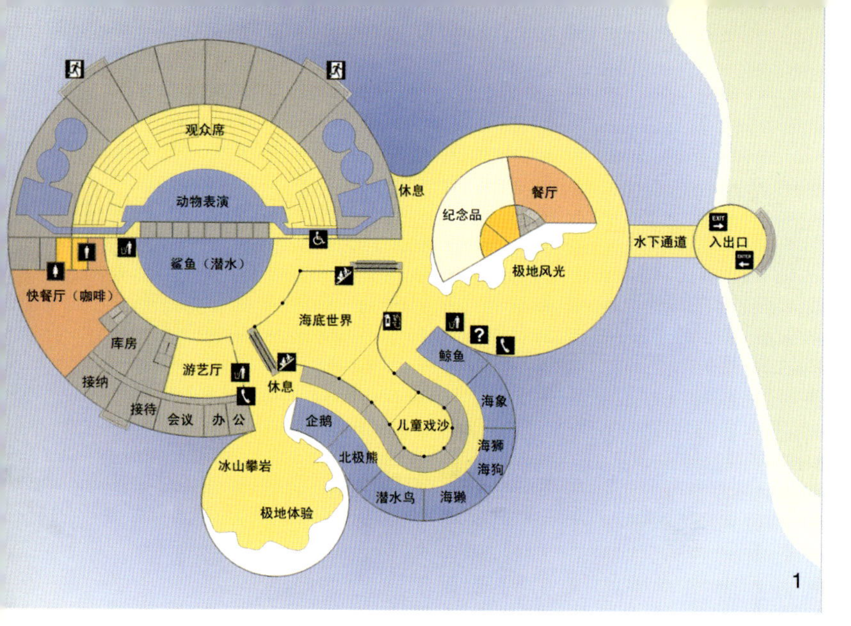

1. 一层平面图
2. 一层参观流线图
3. 二层平面图
4. 二层参观流线图
5. 海底隧道手稿一
6. 海底隧道手稿二

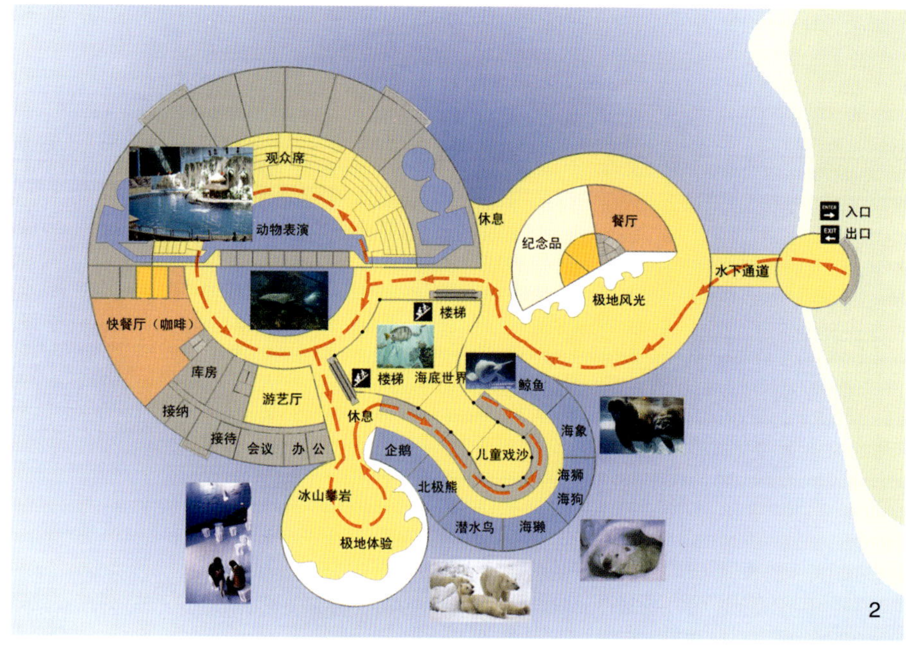

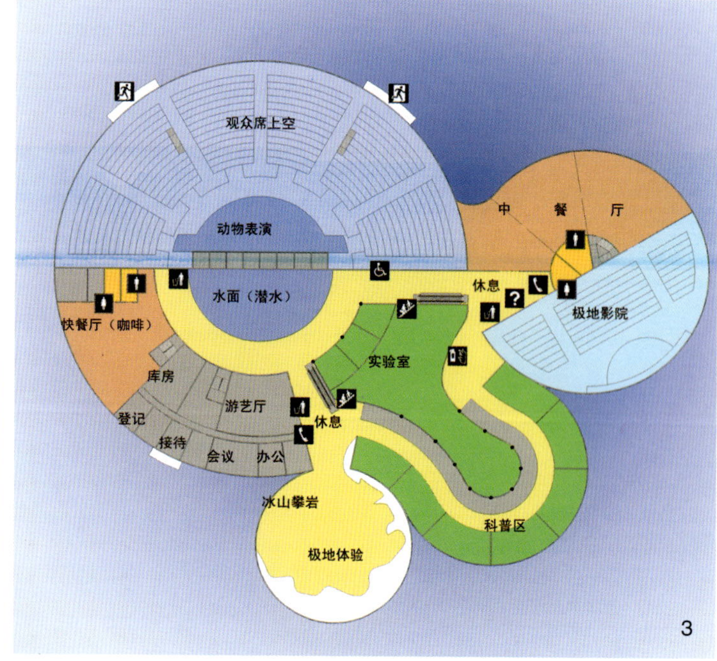

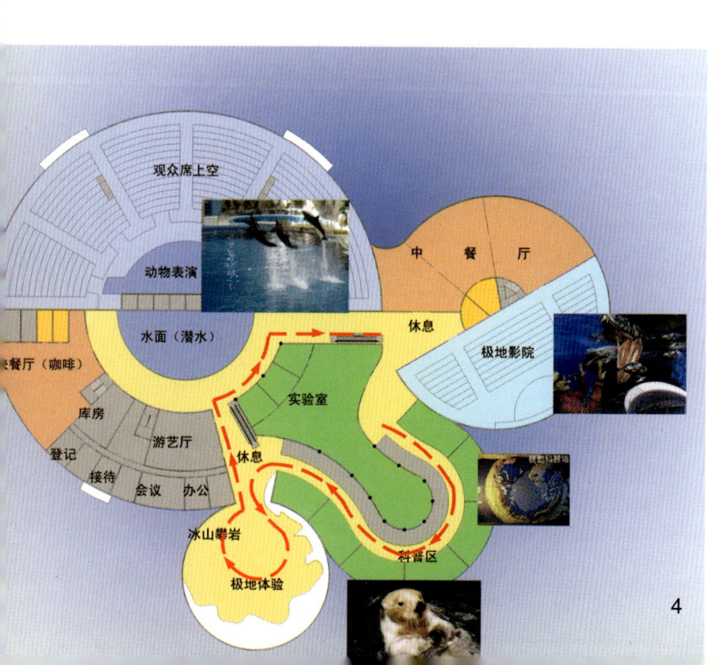

5

6

1. 立面全景效果图
2. 立面夜景效果图
3. 全景模型一
4. 全景模型二

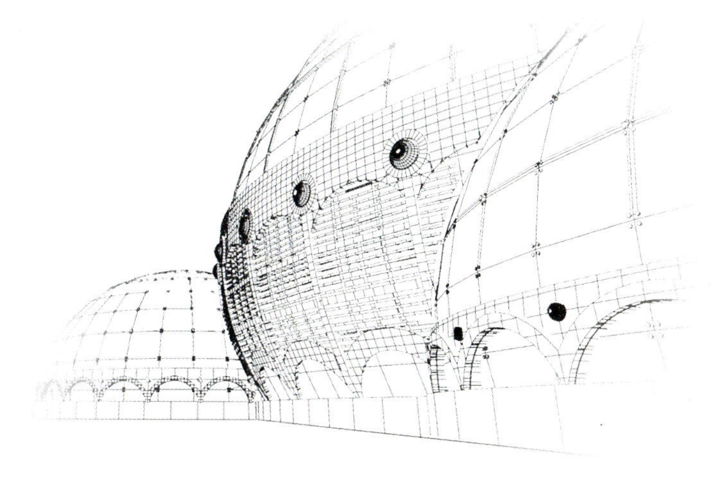

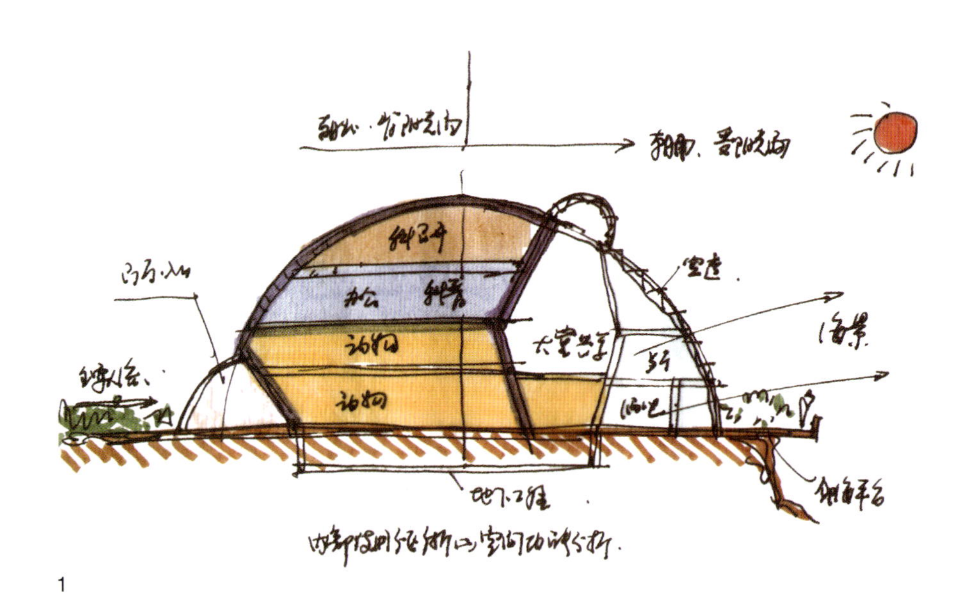

1

1. 空间功能分析手稿
2. 俯视效果图
3. 立面效果图 1
4. 立面效果图 2
5. 立面效果图 3
6. 立面效果图 4

整个建筑是由一组晶莹剔透的玻璃球体组成，远看就像一个从海洋缓缓升起的水泡，十分诱人。

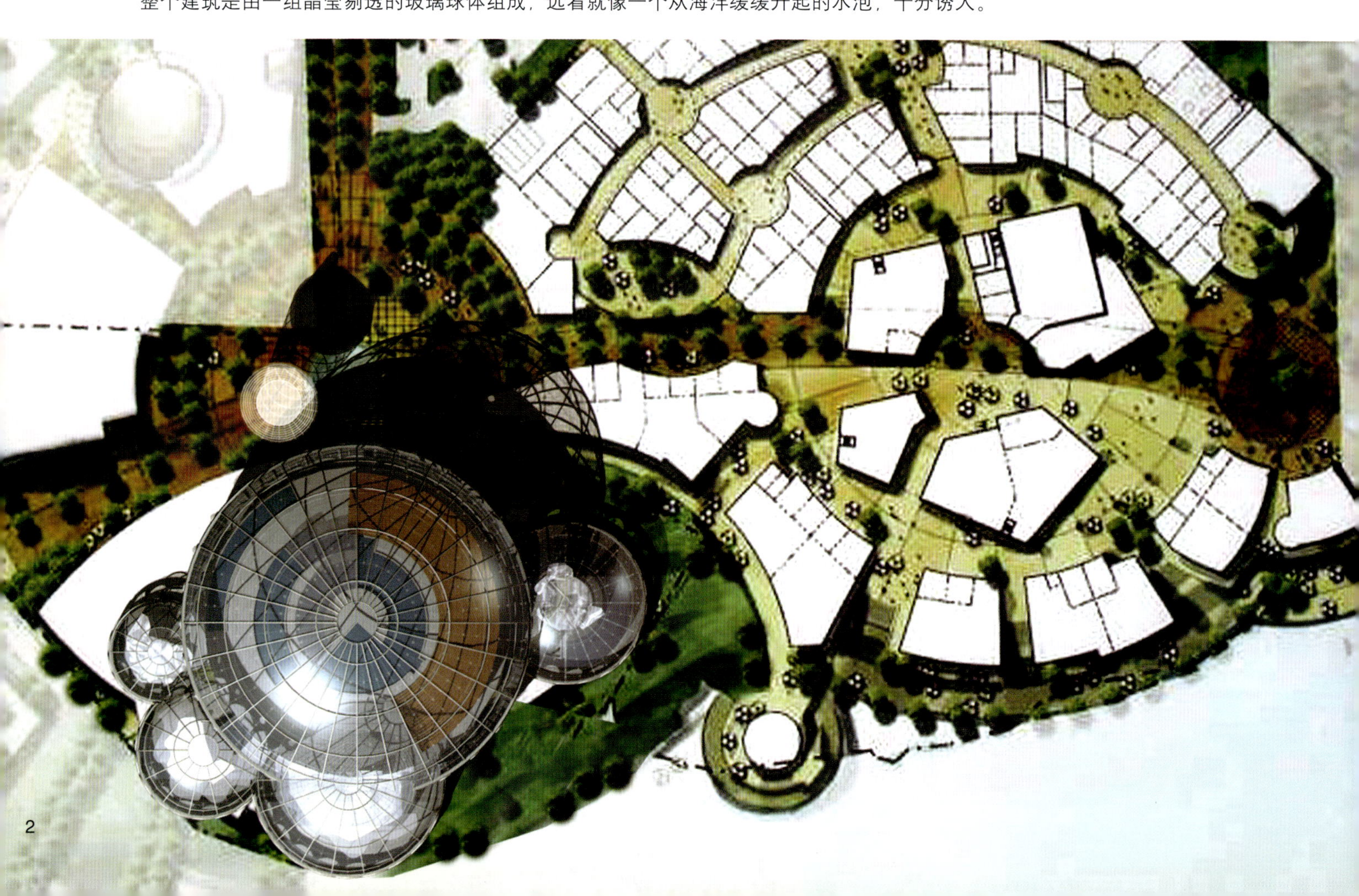

2

3
4
5
6

天津泰达国际会展中心

项目名称：天津泰达国际会展中心

委托业主：天津泰达投资控股有限公司

项目地点：天津开发区东海路以西，泰达大街以北

设计面积：60000m²

设计周期：2003年1月～5月

设计小组：

方案主创：梁裴观（台湾）

方案设计：齐建会　赵世沛　幺士玉　张　天

制 作 组：刘明昕　王文强　王　宁　汪　涛

朱立明　李大鹏　贾振宇　张　龙

外观正立面

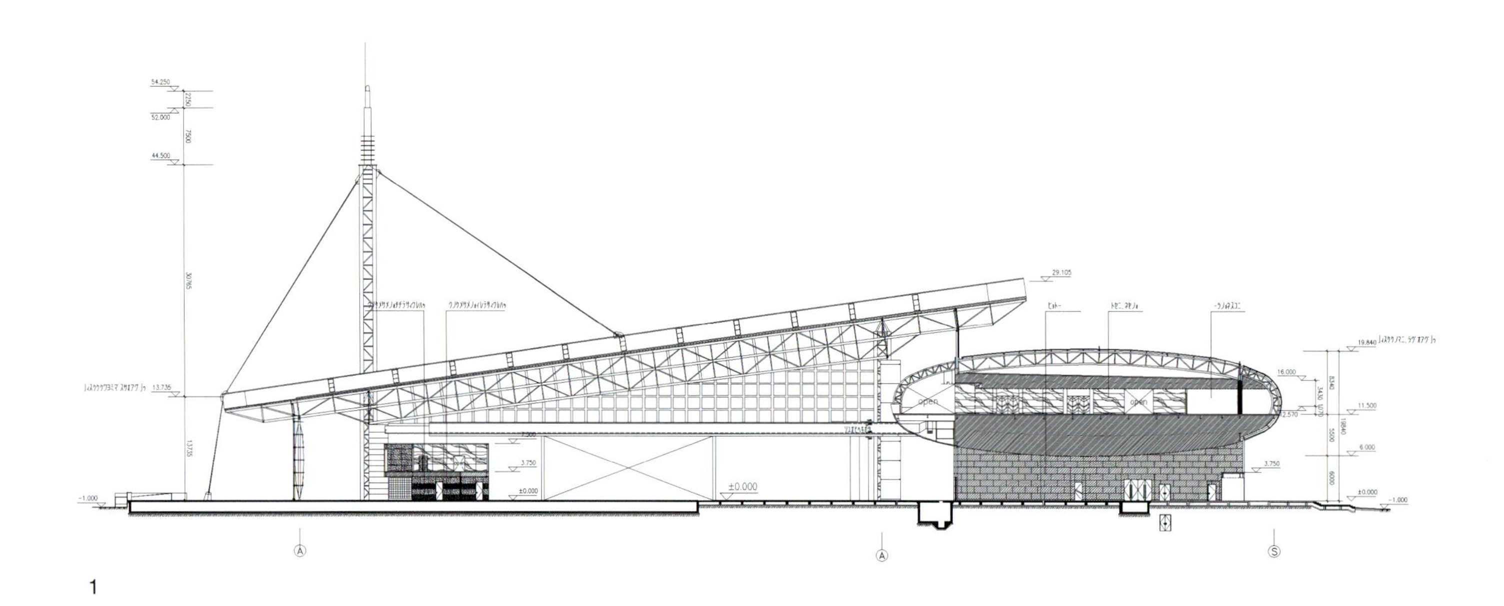

1

3

2

金属构架所搭构的空间体量气势恢弘。透明材质的运用，使建筑更好地融于自然，精巧、通透。

1.剖面图
2.外观后立面
3.外观局部

全景鸟瞰

哈尔滨福斯特商务酒店

项目名称：哈尔滨福斯特商务酒店

委托业主：哈尔滨福斯特房地产开发有限公司

项目地点：黑龙江省哈尔滨市南岗区

设计面积：45000m²

设计周期：2003年9月

设计小组：

方案主创：杨建华

方案设计：孙安国　石激澜

制 作 组：张　龙

方案一正立面

方案二正立面

方案二侧立

新保利大厦售楼处

外观方案一

项目名称：北京新保利大厦售楼处

委托业主：北京新保利房地产开发有限公司

项目地点：北京市东城区东直门南大街14号新保利大厦

设计面积：600m²

设计周期：2003年7月28日～8月8日

设计小组：第二设计所

方案主创：周百合

方案设计：周百合

制 作 组：刘明昕　张　龙　杨　柳

外观方案二

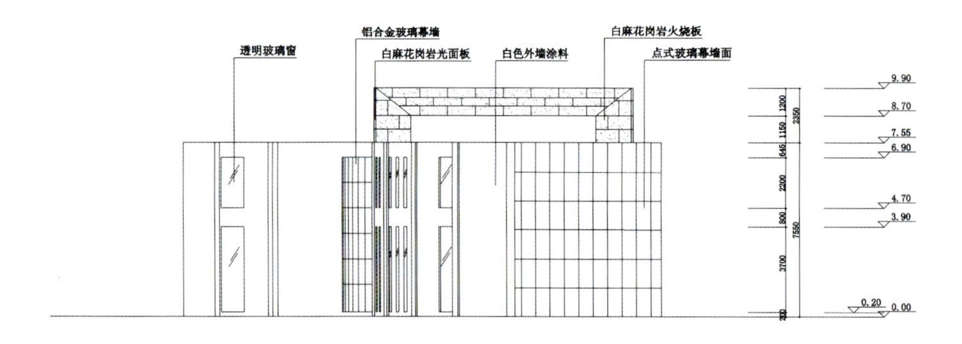

南立面图 1:150

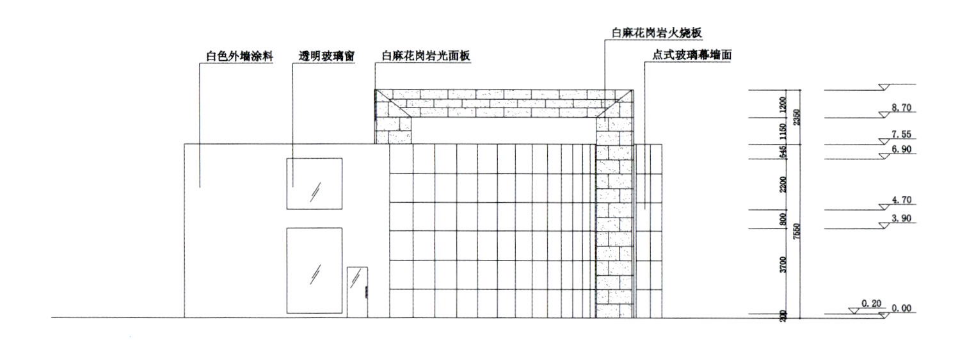

北立面图 1:150

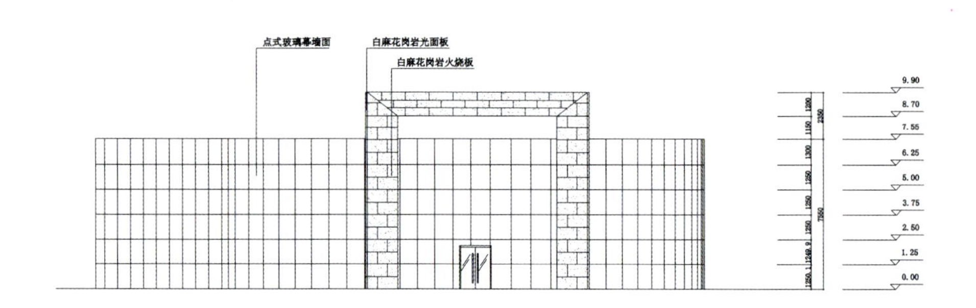

东立面图 1:150

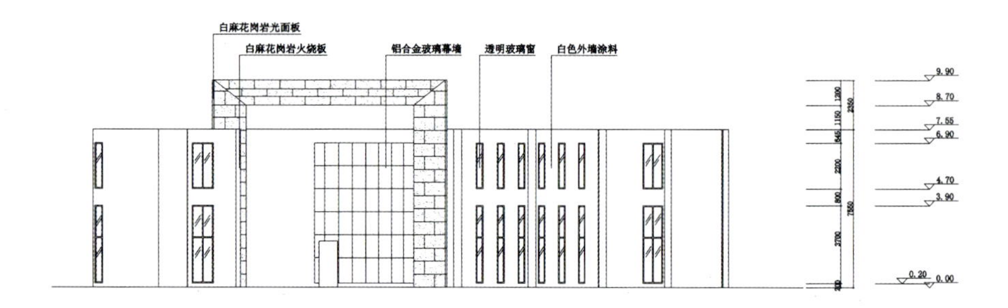

西立面图 1:150

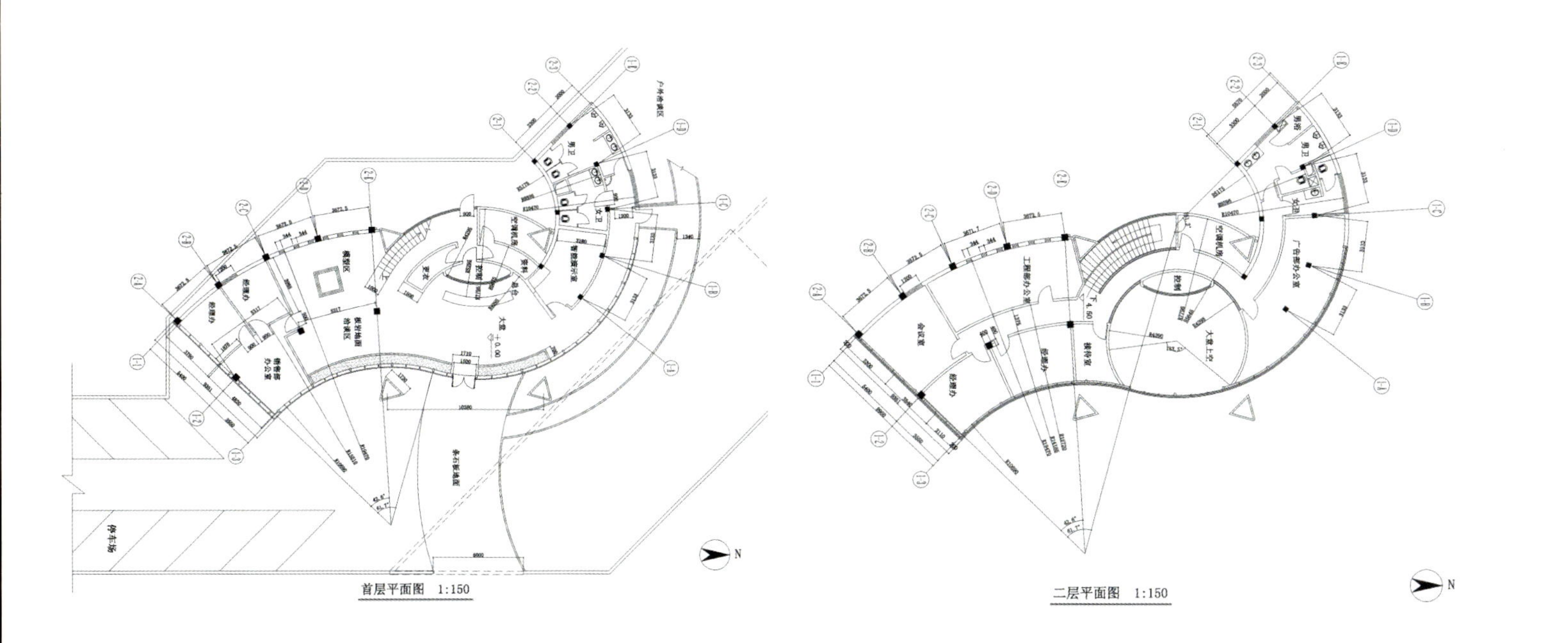
首层平面图 1:150
二层平面图 1:150
停车场
N

外观方案三
NEW POLY

大连金融大厦

项目名称：大连金融大厦及海昌宾馆
委托业主：大连海昌集团
项目地点：大连市中山区
设计面积：60000m²
设计周期：2003年3月15日～3月25日
设计小组：

方案主创：齐建会
方案设计：幺士玉　张　天　汪　涛　石激澜　李大鹏　周百合
制 作 组：张　龙　时空间制作组

办公楼方案1

1. 办公楼方案 3
2. 办公楼方案 4
3. 办公楼方案 5
4. 宾馆方案 1
5. 宾馆方案 2
6. 宾馆方案 3
7. 宾馆方案 4

HAI CHANG HOTEL
海晶大酒店
4

5
6

7

大连海昌名城

项目名称：海昌名城
委托业主：海昌集团
项目地点：大连市天津街
设计面积：80000m²
设计周期：45 天
设计小组：
　　方案主创：CALLISON（美国）
　　方案设计：张　天　王雪雁　周百合
　　制 作 组：刘明昕　王文强　朱立明　贾振宇
　　　　　　　岳　鹏　尚　坤　李　滢

外观方案 1 夜景

外观方案 1 日景

1

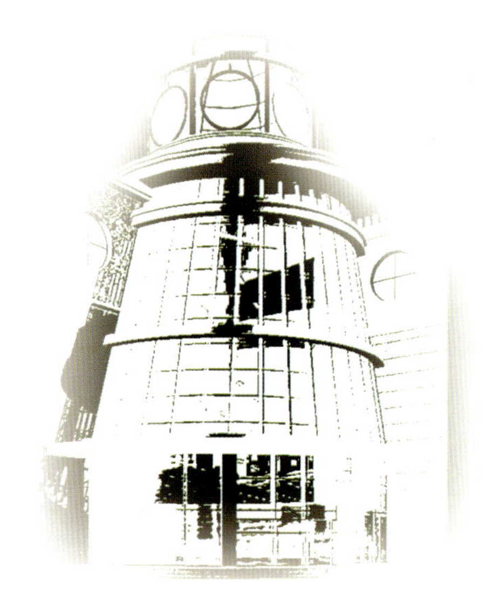

1. 外观方案 2
2. 局部 1
3. 局部 2
4. 局部 3

新疆乌鲁木齐金碧华府大厦

项目名称：新疆乌鲁木齐金碧华府大厦
委托业主：新疆大众房地产开发有限公司
项目地点：新疆乌鲁木齐
设计周期：2003 年 10 月 15 日～10 月 30 日
设计小组：
方案主创：向　红　焦翰霆　石激澜
方案设计：焦翰霆　石激澜
制 作 组：张　龙　王　宁

FAIRFAX
LIGHT

VIP 工作室
VIP ATELIER

碧水云天·颐园样板间

项目名称：碧水云天·颐园样板间

委托业主：亿城地产

项目地点：北京市万柳地区

设计面积：150m²

设计周期：2003 年 9 月 1 日～9 月 12 日

设计小组：

方案主创：韩祥波

方案设计：韩祥波

制 作 组：韩祥波

1
2

3

4

1.入口门厅
2.客厅角度一
3.客厅角度二
4.卧室

回龙观样板间

1

项目名称：回龙观样板间

委托业主：业主

项目地点：北京回龙观天通苑

设计面积：190m²

设计周期：2003 年 3 月 12 日～8 月 28 日

设计小组：

方案主创：齐建会　韩祥波

方案设计：韩祥波

制 作 组：张　磊　王俭林

1. 客厅角度一
2. 入口过渡空间
3. 书房
4. 客厅角度二

现代城样板间

项目名称：现代城样板间

委托业主：业主

项目地点：北京

设计面积：200m^2

设计周期：38日

设计小组：

方案主创：韩祥波

方案设计：韩祥波

制 作 组：张　磊　王俭林

大连海昌枫桥园别墅

项目名称：大连海昌枫桥园别墅
委托业主：大连海昌集团
项目地点：大连中山区
设计面积：600m²
设计周期：7 天
设计小组：

方案主创：张　天　向　红
方案设计：焦翰霆　朱　震
制 作 组：向　红　朱　震　焦翰霆

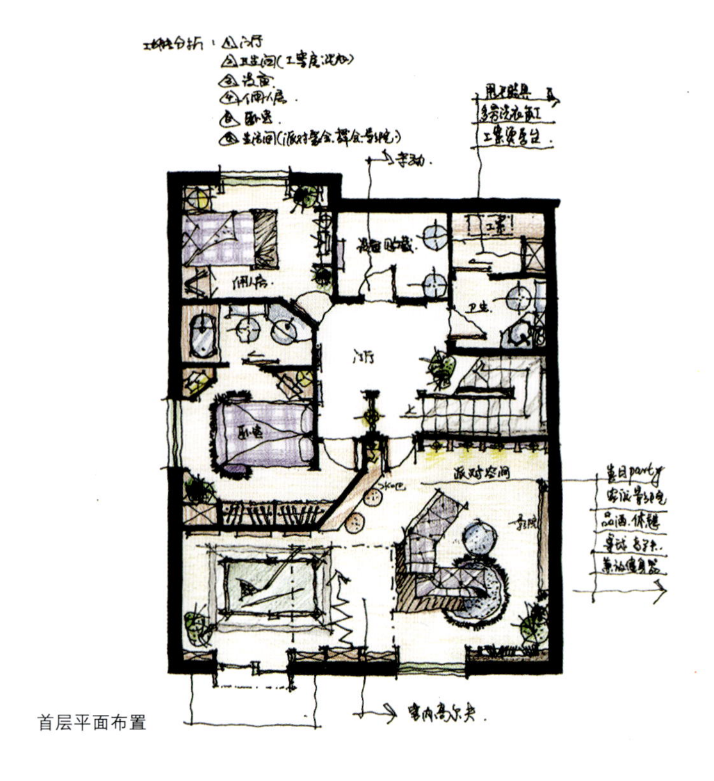
首层平面布置

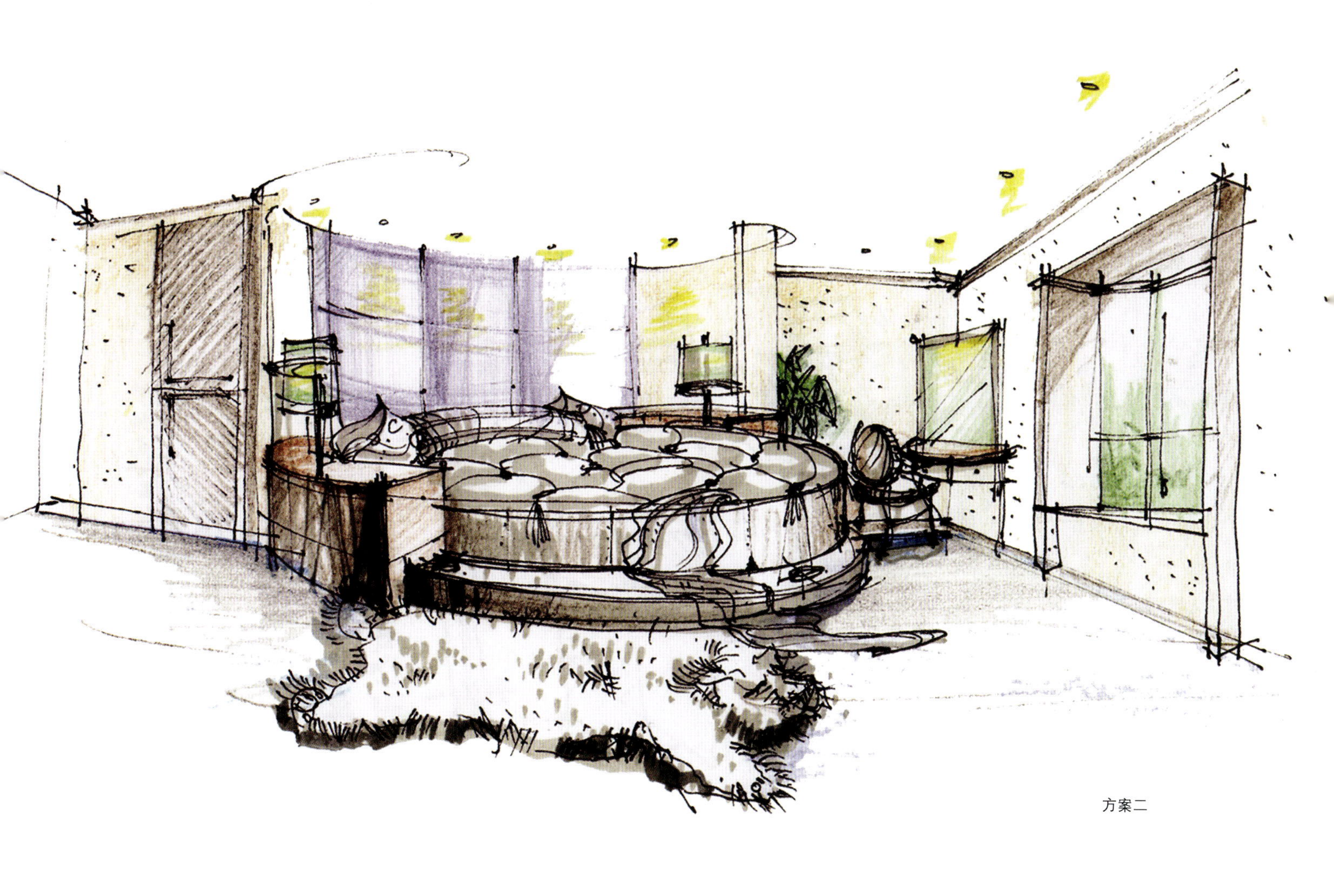

方案二

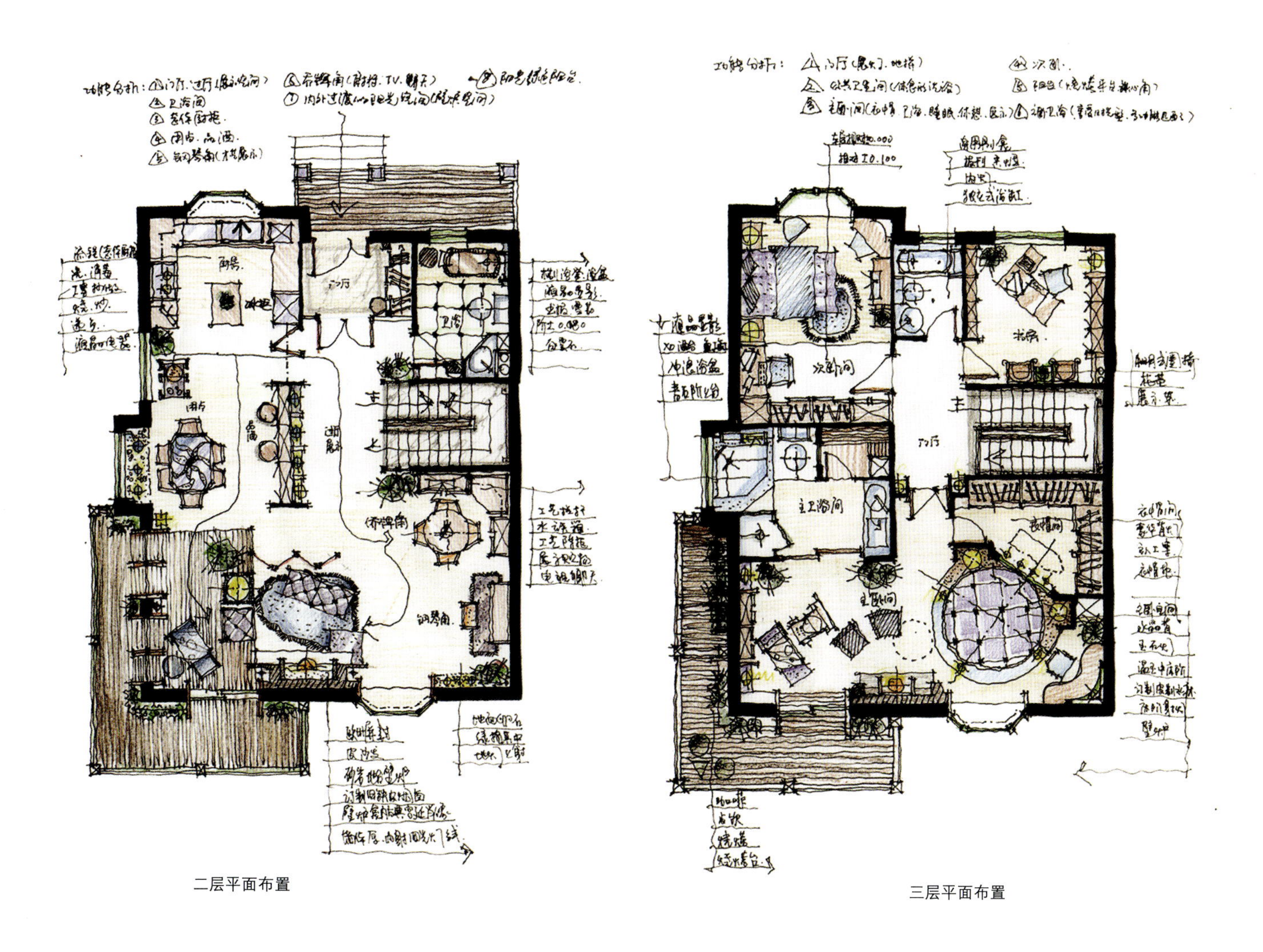

二层平面布置

三层平面布置

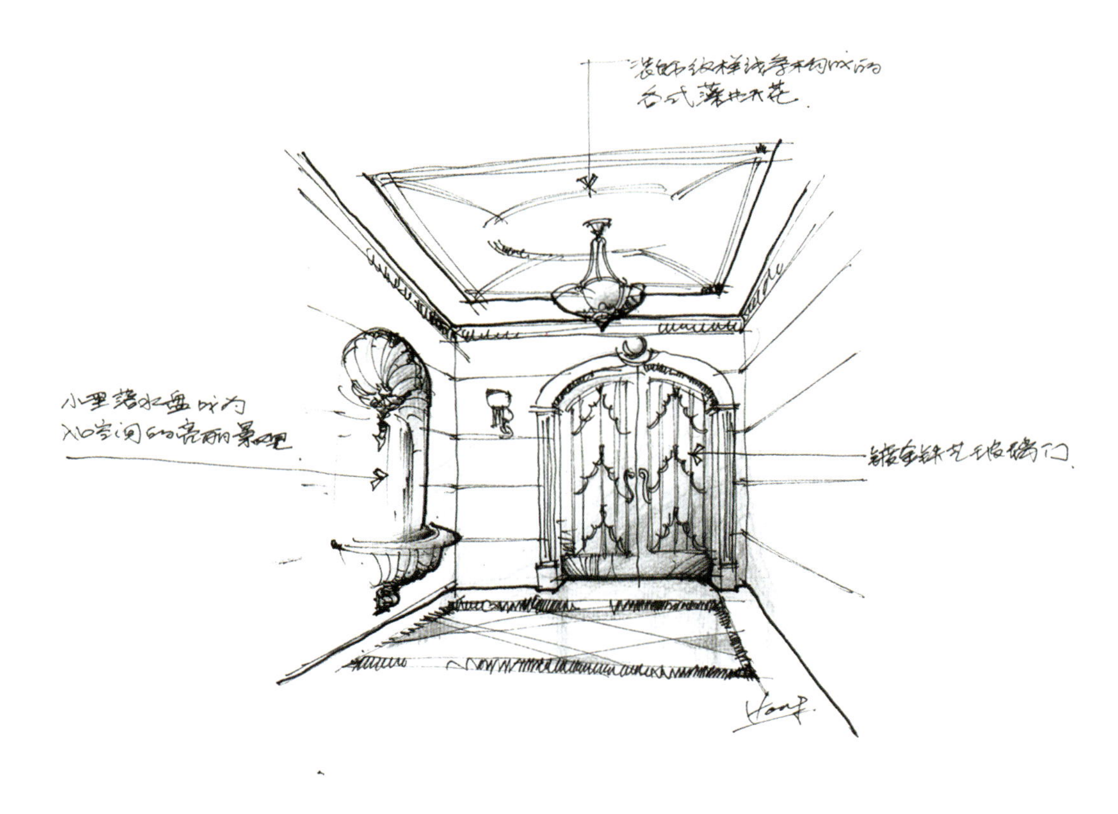

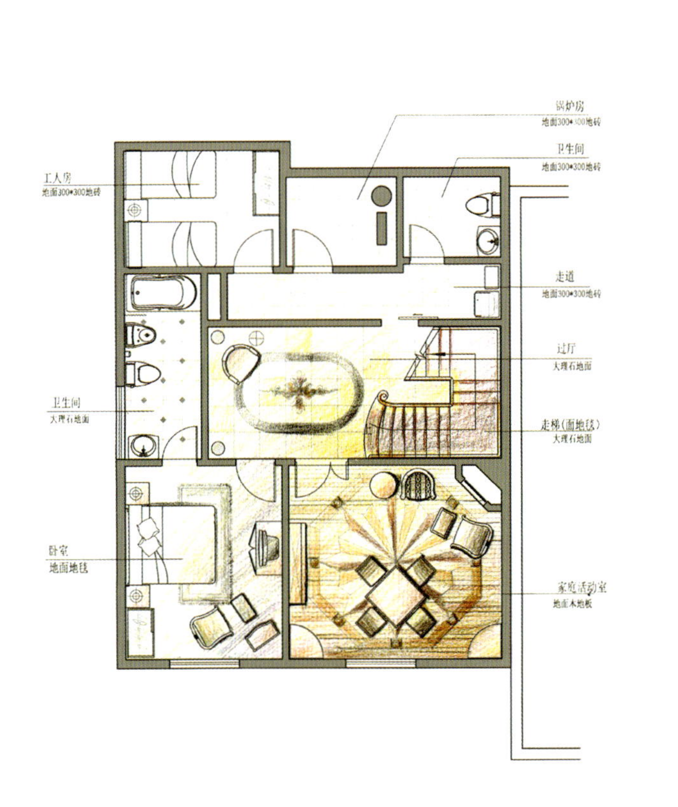

首层平面布置

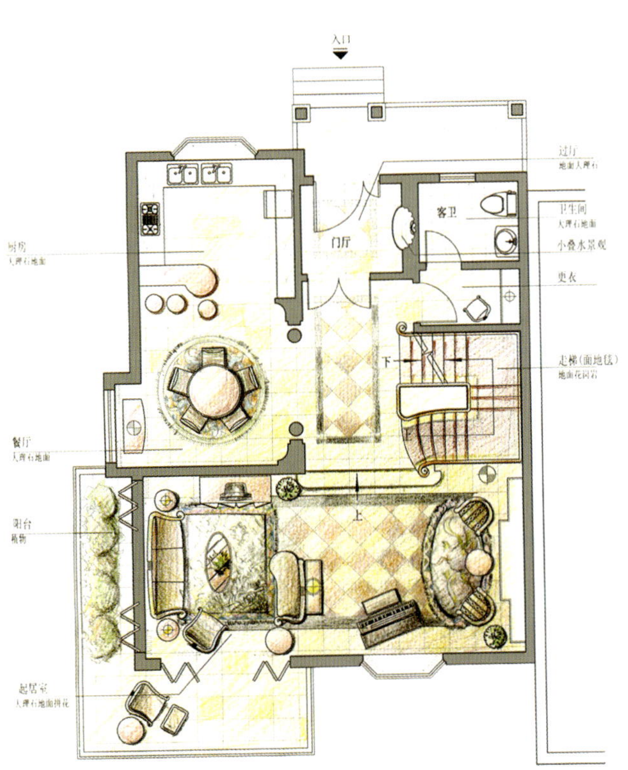

二层平面布置

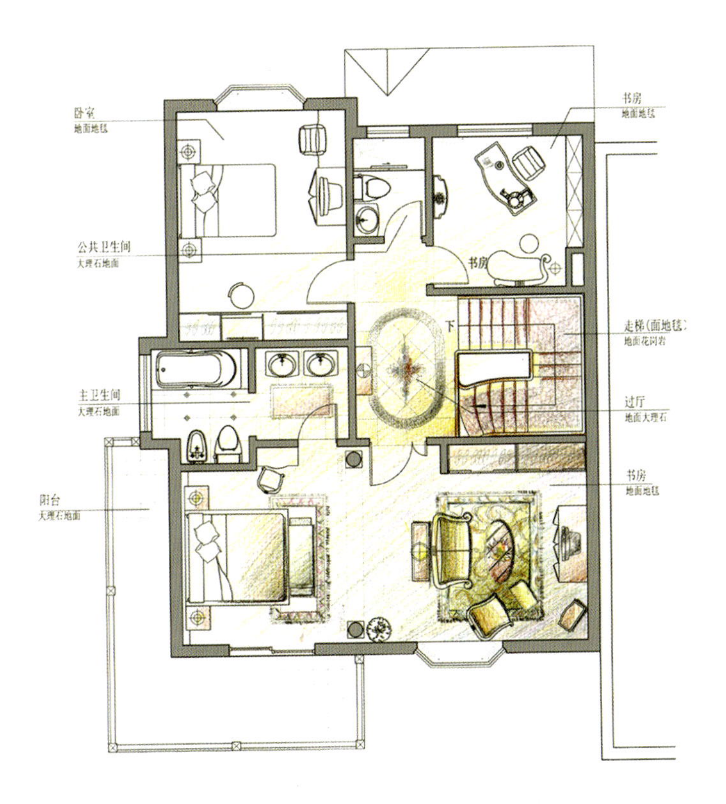
卧室
地面地毯
公共卫生间
大理石地面
主卫生间
大理石地面
阳台
大理石地面
书房
地面地毯
书房
走梯(面地毯)
地面花岗岩
下
过厅
地面大理石
书房
地面地毯

三层平面布置

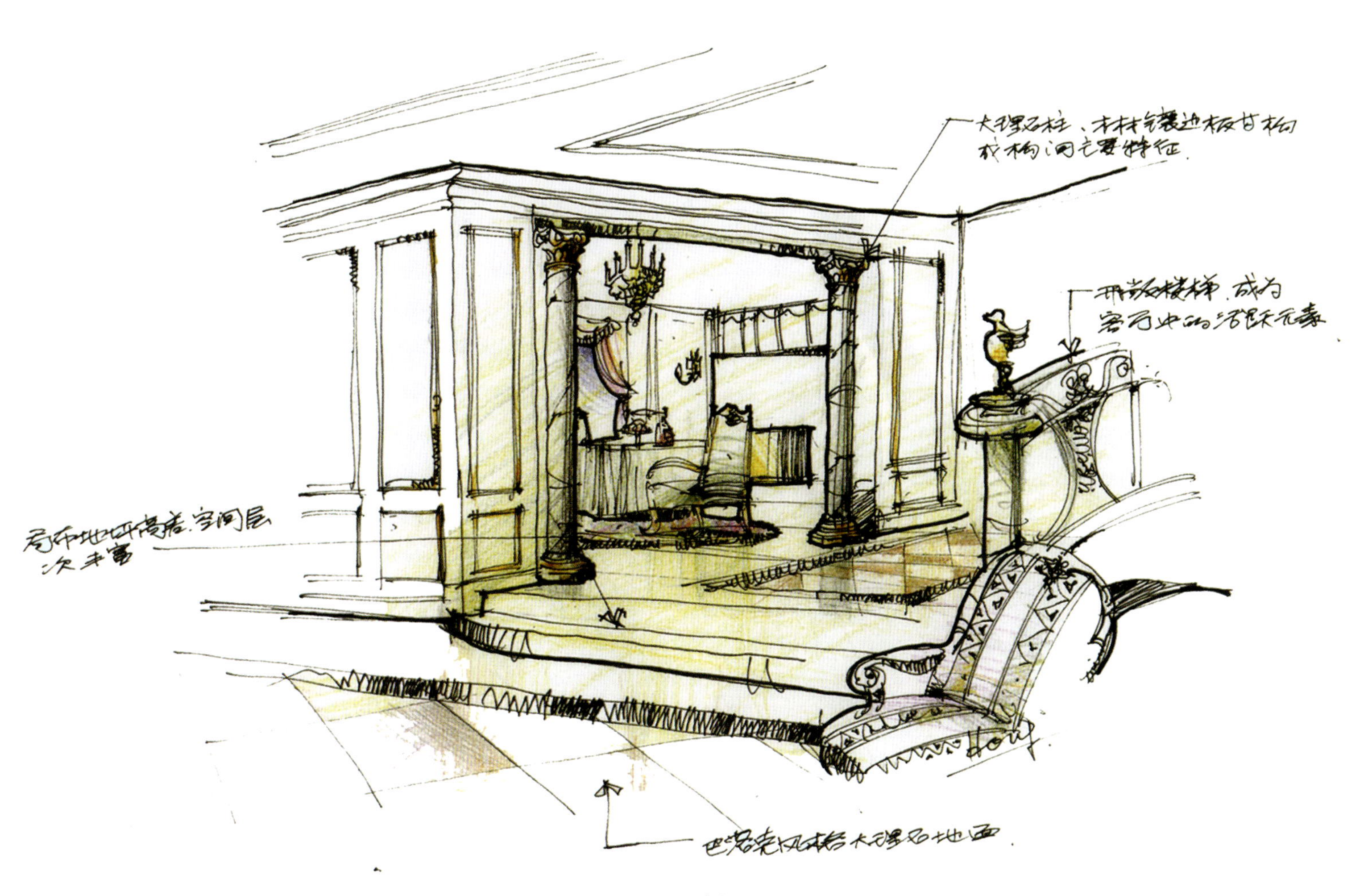
开敞楼梯,成为
客厅中的活跃元素
局部地坪高差,空间层
次丰富
巴洛克风格大理石地面

方案1

悦海豪庭样板间

项目名称：青岛悦海豪庭样板间

委托业主：山东青岛鲁邦地产／海尔集团

项目地点：青岛

设计面积：280 m^2

设计周期：一个月

设计小组：

方案主创：齐建会

方案设计：韩祥波

制 作 组：王海涛　韩祥波

1

1. 书房
2. 客厅
3. 客厅
4. 卫生间

其他精品空间集锦

EXQUISITE ARTICLE SPACE

美博馆外观角度二

美博馆外观角度一

厅

某酒店过厅

1

3

1. 某酒店前厅
2. 某小区门头
3. 某博物馆展示大厅

2

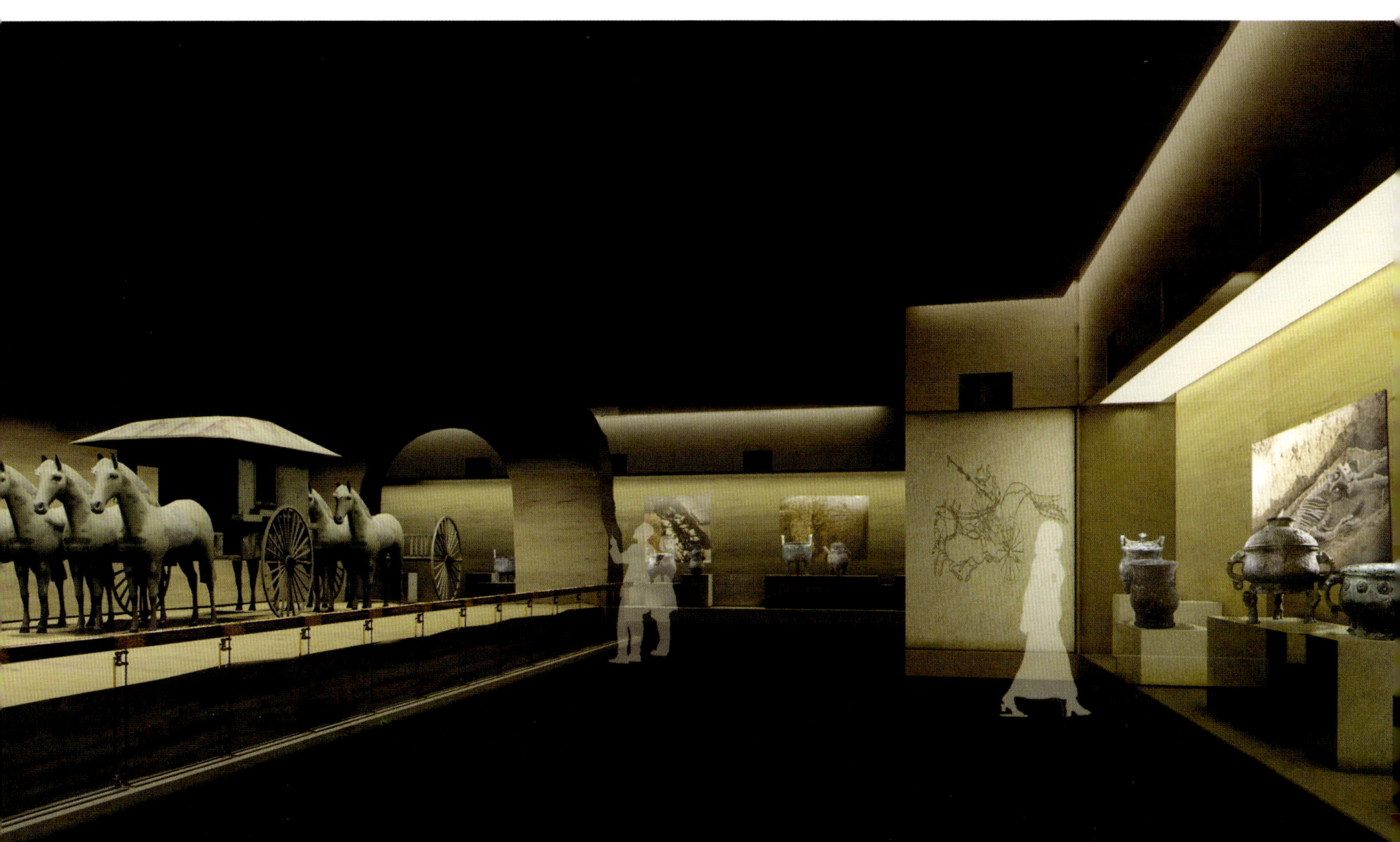

院长：张宇峰

四川美术学院环境艺术系

副院长：李民

华北水利水电学院

人员简介

向　红：毕业于内蒙古建筑学院建筑学专业
徐　萍：毕业于无锡轻工学院工业设计系装饰设计专业
孙安国：毕业于北京建设大学环境艺术设计专业
焦翰霆：毕业于东北师范大学工艺美术设计专业
魏　宁：毕业于安徽建筑工业学院环境艺术设计专业
梁　明：毕业于广西工艺美术学校室内设计专业
李大鹏：毕业于山东工艺美术学院环境艺术设计专业
幺士玉：毕业于哈尔滨工业大学建筑工程与设计学院环境艺术设计专业
韩祥波：毕业于山东工艺美院工业造型专业
刘明昕：毕业于延边大学美术教育专业
王　宁：毕业于哈尔滨轻工学院环境艺术设计专业
贾振宇：毕业于沈阳工业大学环境艺术设计专业
王文强：毕业于徐州彭城大学环境艺术设计专业
张　龙：毕业于吉林建筑工程学院建筑学专业
张　磊：毕业于吉林建筑工程学院环境艺术设计专业
朱立明：毕业于北京林业大学艺术设计专业
尚　坤：毕业于北京林业大学艺术设计专业
岳　鹏：毕业于郑州轻工业学院环境艺术设计专业
熊高文：毕业于北京石油化工学院化学工程与工艺专业
李　滢：毕业于北京联合大学广告设计专业
吴向阳：毕业于北京电影学院舞美专业
夏秀田：大学毕业

副院长：谢峰

上海同济大学

设计总监：齐建会

清华大学建筑学院建筑学专业

王俭林：毕业于四平师范学院环境艺术设计专业
周百合：毕业于鲁迅美术学院环境艺术设计专业
张　天：毕业于吉林联合大学艺术系室内设计专业
滕国琪：毕业于中国人民解放军军需工业学院艺术设计系建筑装饰专业
朱　震：毕业于中国美术学院环境艺术设计专业
赵新宇：毕业于哈尔滨工业大学建筑工程与设计学院环境艺术设计专业
王雪雁：毕业于哈尔滨工业大学建筑学院建筑系建筑学专业
杨　柳：毕业于吉林建筑工程学院环境艺术设计专业
易　军：毕业于江西师范大学美术系美术教育专业
胡亚茹：毕业于河北师范大学工艺美术系环境艺术设计专业
燕　娟：毕业于北京联合大学建筑装饰装修工程专业
王玉忠：毕业于大连轻工业学院环境艺术设计专业
王　伟：毕业于株洲工学院环境艺术设计专业
聂　芳：毕业于天津商学院装潢设计专业
戴　文：毕业于重庆建筑大学城建系给排水工程专业
张　静：毕业山东工艺美院环境艺术设计专业
李　萍：毕业于吉林北华大学室内与家具设计专业
宁莲娜：毕业于海淀走读大学环境艺术设计专业
袁河发：毕业于北京电力高等专科学校通讯专业
林　硕：毕业于大连轻工业学院服装设计专业
雍　霞：毕业于苏州广播电视职工大学工艺系环境艺术设计专业

云南
中甸虎跳峡
0320-7211693
0203

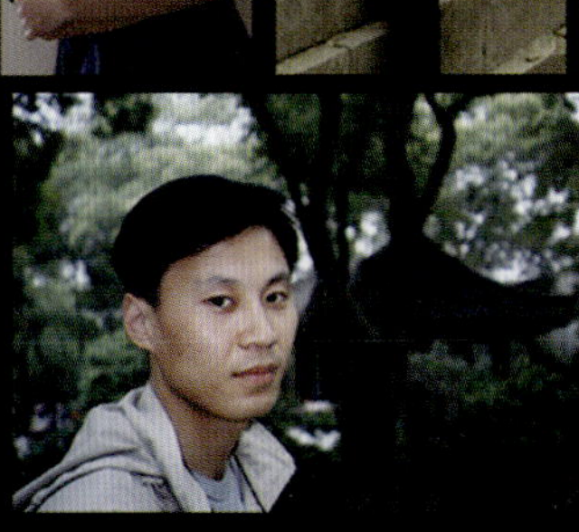

合作机构

COOPERATE COMPANY

一件好的设计作品，离不开对材料的良好运用。如果说设计师赋予室内空间灵魂和生命，那么装饰材料、家具、陈设和饰品则是室内空间的肌肤、衣着和优雅的装扮。

在我们的设计过程中，我们坚持为业主选择优质、价实的装饰材料，有幸的是，在我们的设计与施工过程中，得到了众多知名装饰材料供应商的支持和帮助。在本刊的最后，我们一并对他们在既往工作中对于我们的大力支持表示感谢，正是这些优秀的装饰材料使我们的创作得以实现，得以容光焕发地出现在世人面前。

让我们携手共同为引领室内设计的发展提高而努力！

致谢 主要合作机构：

CNA CSCEC-NABCO AUTO DOOR 中建纳博克自动门有限公司

CSCEC-NABCO AUTO DOOR CO.,Ltd

地址： 北京市海淀区紫竹院南路23号

邮编： 100044

电话： 010-68458795/6/7 68471108/25

传真： 010-68455816

网址： www.cnadoor.com

mail： cna@cscec-nabco.com.cn

KALMAR

奥地利卡尔玛公司－专业灯饰设计及制造

地址： 北京市海淀区人大北路33号2号楼2301室

邮编： 100080

电话： (86-10) 82685647/48

传真： (86-10) 82685458

网址： www.kalmarlighting.com

啟奧裝飾材料有限公司

香港总公司： 香港湾仔皇后大道东43-59号东美中心409-410室

Main Office:Room409-410,Dominion Centre,43-59 Queen's Road East, Wan Chai,Hong Kong.

电话(TEL)：(852)-28652556 **传真**(FAX)：(852)-25298488

E-mail:coilco@ctimail.com

北京分公司： 中国北京市西城区阜外大街2号万通新世界广场A座12层1211号

电话(TEL)：010-68588618 **传真**(FAX)：010-68588658

E-mail:coil-bj@sohu.com

上海分公司： 上海市静安区南京西路580号南证大厦702室

电话： 021-63544581 **传真**(FAX)：021-63544582

株式会社タジマ

日本田岛株式会社在中国的授权代理

北京扶远清隆科贸有限公司

电话： 010-88421837 **传真：** 88421807

地址：北京朝阳区姚家园西口265号华雅家具大厦
Add：NO.265，Huaya Funiture Building Yaojiayuan
West Chaoyang District Beijing China
电话：(010) 85761188　　(010) 85762288
传真：(010) 85763388　　邮编：100025

上海培诺建筑装饰制品有限公司
SHANGHAI TOPANEL ARCHITECTHRE&DECORATION CO.,LTD

上海总部
地址：上海市陕西西路1283弄9号27楼
电话：021-62999705-137　传真：021-62999706-136
网址：www.peinuo.com.cn
华北办事处
地址：北京朝阳区望京中环南路甲2号佳境天城A座702室
邮编：100102

北京佳士蒙家具有限公司
Beijing CashMore Furniture Co.,Ltd

地址：北京市东城区海运仓1号总参一招院内
Add：NO.1 Hai Yun Cang Dong Cheng District，China.100007
电话：(86-10) 84029988
传真：(86-10) 64059036
E-mail：cashmoref@sina.com

凯伦实木门窗

公司地址：北京市经济技术开发区
联系人：张经理　　赵经理
电话：67881955　13301250777　13311257002

山东雄狮建筑装饰工程有限公司
ROBUST LION CONSTRUCTION DECORATION CO LTD

地址：北京市旧宫镇工业开发区富华路8号
邮编：100076
电话：010-87911360/9-801/888
传真：010-87911368
E-mail：xsjtbj68@vip.163.com

虹云坊

地址：北京市建国门内大街8号中粮广场二层C201
电话：86-10-65266666-1801
邮编：100005
Add：Room C201，the second floor，COFCO
No.8 jian Guo Men Nei Da Jie District，Beijing，Chain
Tel：86-10-65266666-1801
Post code：100005

湖南天牌实业有限公司
HUNAN TIAN BRAND CO.,LTD

地址：湖南株洲（国家）高新技术产业开发区长江南路88号
电话：010-88124911　　传真：010-88124911
邮编：100036　　网址：www.tianbrand.com

中建纳博克自动门有限公司

CSCEC-NABCO AUTO DOOR CO.,Ltd

医用气密门
医用自动门

中建纳博克自动门有限公司（CSCEC–NABOC AUTO DOOR CO.LTD）是由中国最大的综合性建筑企业中国建筑工程总公司与日本拥有世界最多销售台数的启动门生产商株式会社纳博克共同出资，在中国建立的第一家自动门专业合资公司，从事自动门生产、安装、销售及维修服务的综合企业，获得ISO9001国际认证。其销量位居日本榜首，被指定为日本在华项目首选品牌。

本公司作为中国最早的自动门专业公司之一，创建以来，已成功完成了上海浦东国际机场、北京首都国际机场等一批具有国际影响力的相关项目，以其稳定的品质和周到的售后服务，深得社会的认可，被中国建设部指定为国家自动门行业标准的主编单位。

折叠门
标准 W=1500mm～1800mm
超宽 W=2400mm

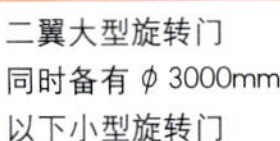

二翼大型旋转门
同时备有 φ3000mm
以下小型旋转门

站台安全门

纳博克自动门
主要业绩表：

- 北京首都国际机场
- 上海浦东国际机场
- 天津滨海国际机场
- 西安咸阳国际机场
- 外交部大楼
- 新华社大楼
- 日本驻华大使馆
- 上海日本总领事馆
- 上海电视台
- 上海森茂大厦
- 上海浦东中银大厦
- 西安中大国际酒店
- 南京军区总医院
- 东莞太阳诱电工厂

本公司经营的自动门种类齐全，包括横移自动门、平开自动门、折叠自动门、弧形自动门和各种型号的旋转自动门，成为大型公共建筑、银行、医院、通讯、文化事业等单位的首选品牌。本公司引进全套日本AMD不锈钢加工设备，专业从事不锈钢加工，与日本原装进口的NABCO自动门机组配套，以满足中国用户质优价廉的需求。

目前，公司除在北京设立总部外，设有上海分公司、武汉分公司、大连分公司和北京门体中心工厂。在全国16个省市自治区的重要城市设立办事处和专卖店，形成了广泛的销售服务网络。

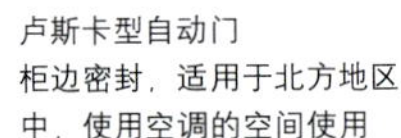

卢斯卡型自动门
柜边密封，适用于北方地区
中，使用空调的空间使用

平开自动门
横架安装型
地下安装型

弧形自动门

工业用重型自动门

KALMAR

奥地利卡尔玛公司－专业灯饰设计及制造

卡尔玛于1881年在维也纳由朱利由斯.奥古斯.卡尔玛创立。由于与当今一流的奥地利和欧洲的建筑大师一直保持着友好的合作关系。这使得卡尔玛灯具成为高质量、高品质、第一流的代名词。经过100多年的成长过程，卡尔玛已经发展成为专为世界享有盛誉的项目设计和制作灯具的专家。在继续生产传统的水晶吊灯的同时，卡尔玛公司在近几年来，越来越多地投入到集技术功能和当代气息为一体的装饰性和功能性灯具的生产。

灯具的设计在维也纳总部模拟进行，建筑物的独特造型、客户的不同需求、当地的风俗习惯及审美标准、地理条件及历史背景都是卡尔玛灯具设计所考虑的因素。但是仅仅考虑所谓对灯具有影响的外部条件是不够的，还要考虑到光线及空间范围、气氛、功能及效果。虽然从实质上讲灯具是照明的光源，但更是品味的表现。

啓奥装飾材料有限公司

启奥装饰材料有限公司创立于1983年。自创立之日起一直致力于国内外宾馆、酒店及商厦的室内装饰材料供应，稳居香港装饰材料市场翘楚之席位。

启奥不断拓展业务，推陈出新，无论在产品素质及服务水平方面，均力求完善。除香港总公司外，启奥已在国内七个城市设立了分公司，全部均已奠下稳固基础，并考虑在其他城市设立分公司，以拓展业务。启奥亦已在美国及澳洲等国家设立了公司，竭诚为客户提供价廉物美之货品。

布艺，地毯，墙纸，卷帘为启奥公司的主打产品，公司设有室内装饰展示厅、材料加工厂。客户各种不同材料，设计要求在启奥公司均能得到满足。优质的产品和专业的服务是启奥公司的经营宗旨。

Coil interior Material Supplier Co.,Ltd.was founded in 1983.Once its formation,it has been dedicated in supplying materials for interior deeoration of various hotels and commercial buildings in both Hong Kong and China.The company is one of the leaders in the interior materials market in Hong Kong.

Coil has continued to expand and develop its business with innovative produets and designs and has a reputation for quality products and customer services.Coil has office in seven cities throughout China and is considering expansion into other cities.The company also established branch offices in New York and Sydney.The company aims to provide high quality products to all customers at a reasonable price.

Our key products are Fabries,Wallpapers,Carpets and Roller screens.We have showrooms in all our offices, and our factories can provide products in different sizes and patterns to satisfy individual material and design needs.We render a high standard of service and offer professional advice.

全球环境基金第二届成员国大会
中国政府招待会
Government Reception

国际俱乐部前厅

国际俱乐部电梯大堂

北京钓鱼台中餐

北京钓鱼台18号楼大宴会厅

主要工程业绩：

北京主要项目：

人民大会堂、中华人民共和国外交部大楼、钓鱼台国宾馆、北京饭店、国际俱乐部、全国政协礼堂、国际俱乐部酒店、国际饭店、北京大使馆公寓、北京政协会议中心、人大常委会办公楼、龙城皇冠假日饭店、中旅大厦、北京市人民政府宽沟招待所、中国建筑文化中心、中国工商银行牡丹卡中心、民生银行、新闻中心、中国建设银行北京市分行、中国工商银行数据中心

上海主要项目：

波特曼香格里拉酒店、新世纪广场、建国饭店、上海华亭宾馆喜来登豪达太平洋大饭店、上海新亚、长城大酒店＼新亚广场、兰生大酒店、银河宾馆、和平饭店、东湖宾馆、日航龙柏饭店、中油大酒店（上海石油大厦）、美丽园大酒店、秋源酒店、新亚之光大酒店上海世茂房地产有限公司、山东威海兰天宾馆、山东会计之家、上海虹桥宾馆、上海东桥大酒店、新锦江大酒店、浦东香格里拉大酒店

香港及其他地区项目：

香港教育学院、中华人民共和国驻俄罗斯大使馆（海外）、中华人民共和国驻德国大使馆（海外）、深圳国际展览中心、深圳华侨城、香港漫会医院、香港科技大学仁济医院（香港）、香港科技大学、深圳阳光酒店、三亚南方酒店、海口明阳大酒店

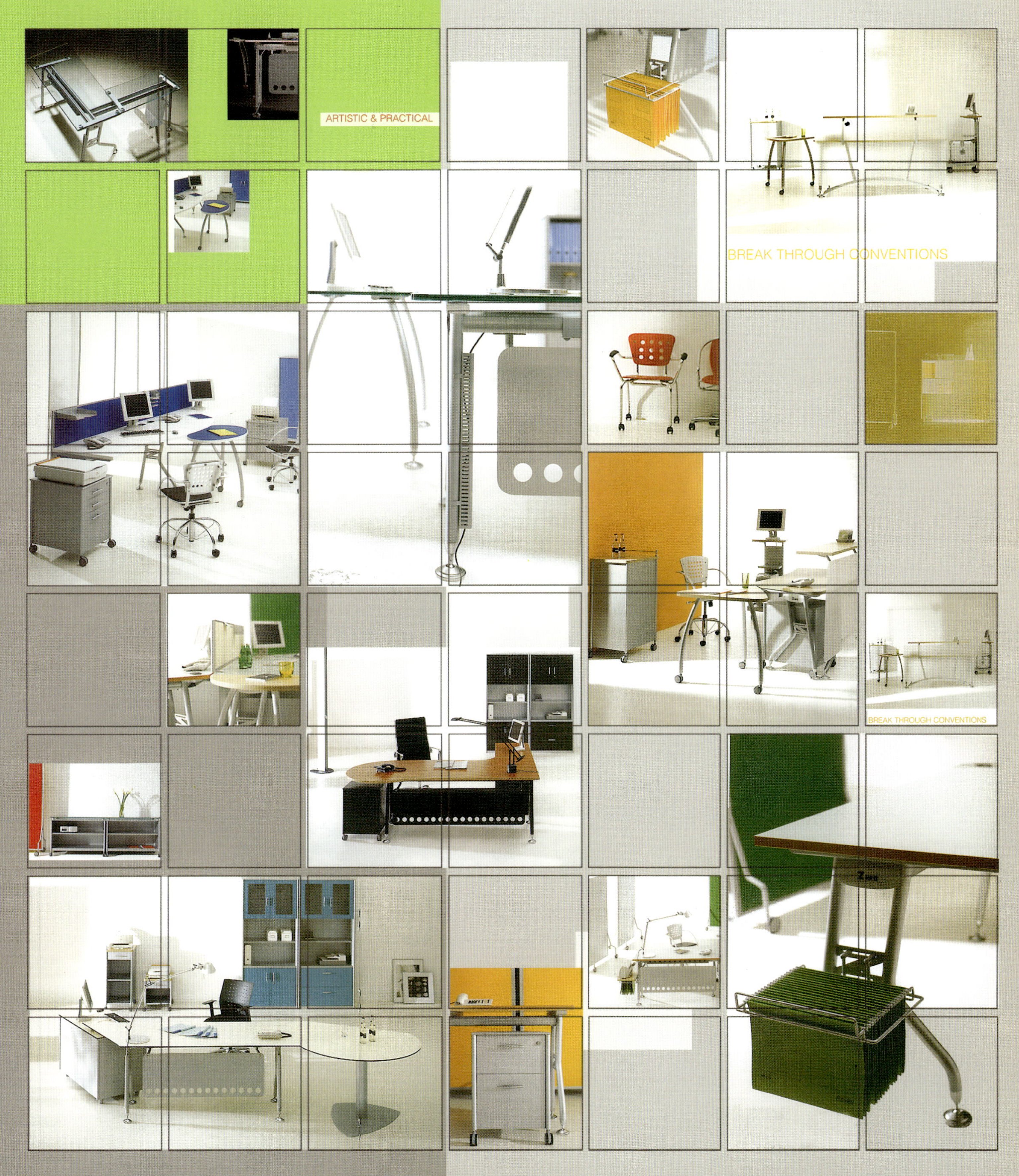

主要业绩：

NEC
霍尼韦尔
百威啤酒
中美大都会保险
机场股份
北京移动
欢乐传媒
盛世长城广告
海润广告
华谊兄弟
鹏润集团

华雅家具

"华雅"创立于1986年，是一家中美合资的集团化经济实体企业。十多年一直致力于现代优质办公家具的专业开发、生产与销售，是国内办公家具行业的百强企业。

秉承传统家具制作精神，摄合现代的家具设计理念，以及拥有意大利、德国、美国、台湾等地引进的大中型家具专业机械生产线和一支优良的工程设计与生产队伍，是华雅家具成为现代办公家具时尚标志的基础。华雅办公家具产品系统有：高级行政办公台系列、职员办公台系列、文件储存柜系列、办公座椅系列、公共座椅系列、沙发系列、屏风系列、酒店家具系列等八大类上百个品种近千个款色，年产50万件的生产实力，完全能满足各大中小企事业单位和公司的不同需求。"华雅"誉满海内外，产品已成为中央军委、外交部、人民日报社、国家工商总局、深圳市政府、深圳市府二办、深圳市国税局、深圳市中级人民法院、上海市政府、上海市环保局、上海建筑设计研究所、中国银行、中国电信、美国摩托罗拉公司、三星集团公司等中央机关及各级政府部门、企事业单位和国外大型跨国公司办公家具的首选。

华雅家具 绿色选择

GQ20009DF 国家会计学院大会堂（北京）

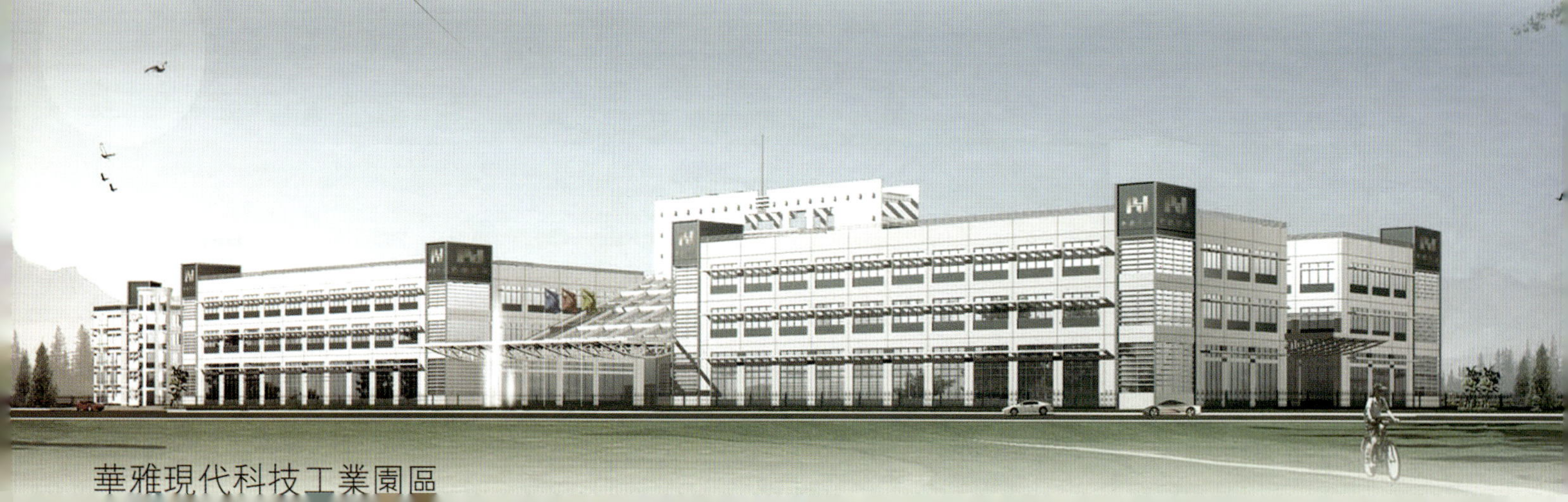
華雅現代科技工業園區

华雅家具期待与您真诚的合作

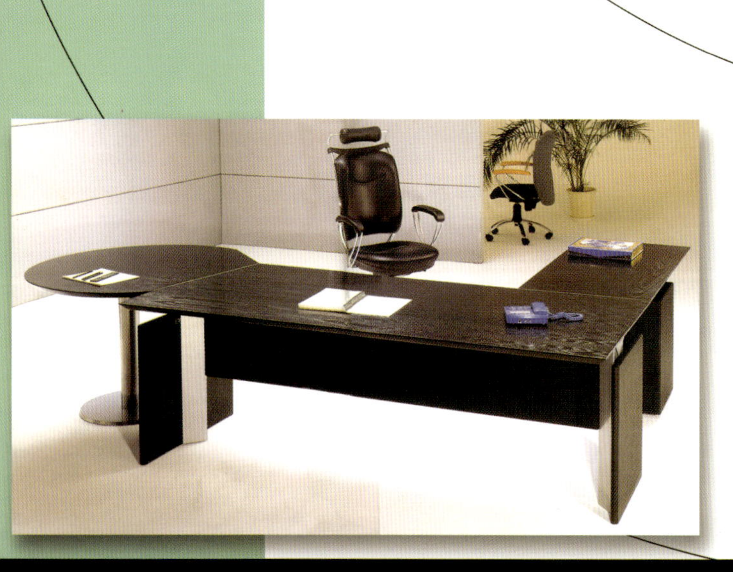

人民网people

KAI LUN PAI MU MEN CHUAN
凯伦牌木门窗

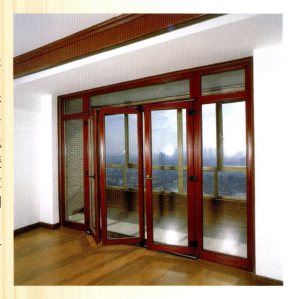

山东雄狮建筑装饰工程有限公司

ROBUST LION CONSTRUCTION DECORATION CO LTD

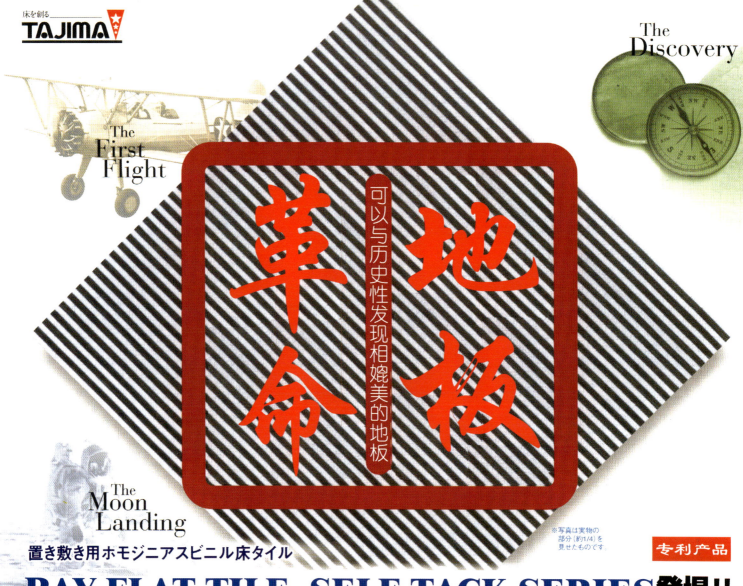

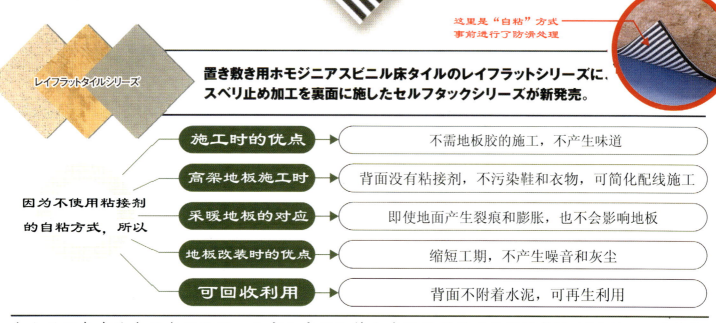

虹云坊
明清古典家具
Rainbow Gallery Antique Furniture

园设计师以这样一种不同寻常的方式工作，城市的中心创造一个完全乡村的景观。

虽然“斯德哥尔摩学派”的作品在形式上英国风景园有些相似，但是，这是两种完全同的园林。风景园是为少数贵族的美学需，为了部分人的私人使用；而“斯德哥尔摩派”的公园是为城市提供良好的环境，为市提供消遣娱乐的场所，为地区保存有价值的然景观特征，它的社会性是第一位的，它的识形态基础源于政治的和社会的环境。

斯德哥尔摩皇家技术学院的园林艺术教授伯格（E.Lungberg）曾这样描述了“斯德哥摩学派”的设计思想基础：在对园林艺术的的追求中，有两条线索可以追寻，一是去研这个地方的可能性，去关注什么东西已经存了，通过强调和简化去加强这些方面，通过择和淘汰去增加自然美的吸引力；第二是回现实的需求，即我们想要获得什么？生活将样在这儿展开？在这个未来的乐园中，我们望获得什么样的舒适、消遣和快乐呢？这是个设计师检查自己的作品时必须遵循的两个面。

“斯德哥尔摩学派”在瑞典景观规划设计史的黄金时期出现，它是景观规划设计师、市规划师、植物学家、文化地理学家和自然护者共有的基本信念。在这个意义上，它不仅是一个观念，更是一个思想的综合体。

“斯德哥尔摩学派”的顶峰时期是从36～1958年。1960年代初，成千上万的瑞典为寻求更好的工作机会涌进首都，于是，大廉价、预制材料构筑的千篇一律的市郊住宅兴建，许多土地被推平，地区的风景特征被坏。尽管斯德哥尔摩公园的质量后来下降，但格莱姆和“斯德哥尔摩学派”其他人的些作品今天仍然可以看到。如今，这些公园植物已经长大成熟，斯德哥尔摩的市民从前代人的伟大创举中获益无穷。

1957年，受卫星城
甘为规划中的墨西哥城
物。选址位于墨西哥城
道的边上。巴拉甘的想
吸引力的垂直的要素组
埃里兹（M.Goeritz）与
低错落的塔体，具有红、
色，直插蓝天。

50到60年代，巴拉
规划和室外环境。在墨
左右的一个旧种植园的
开发了一个以骑马和马
斯阿博雷达斯（Las A
入口处他设计了一道红
场（Plaza del Bebe
1959）也位于这个地方
中自由布置了蓝色、黄
在满盈的长水槽中投下
池边落入狭窄的水沟，
称为“景观的音乐”。他

会的场所。在距此不远
设了另一个称为“俱乐
的社区，里面有他的一
情侣之泉”（Fuente de

与美国建筑师路易斯·
设计了位于美国南加利
究所(Salk Institute of
中心庭院，这是一个没
对称的素面混凝土建筑
庭院的中心一条笔直的
天空。这个庭院由于它
为“没有屋顶的教堂”。
·克里斯多巴尔（San
中，使用了玫瑰红和土
，水池的一侧有一排马
的地方。红色的墙上有
，水声打破了由简单几
，在炙热的阳光下给人

直保持着小规模，从未
质感的运用、色彩的处
情感”效果的检查，是
定的。他特别在意墙的
的质感和花园设计等细
明“时间、地点和情感”。
些最亲密的朋友来讨论
括画家、历史学家、艺
园艺家等，这是他的设

主义中的纯粹功能主义，
“住房是居住的机器”。
们肉体的居住场所，更
神的居所。他拒绝外墙
是对人的私密性的侵犯，
外墙，觉得“太可怕，必

系列园林中，使用的要

斯德哥尔摩市中心市政厅花园结束。在城市
郊边缘的诺·玛拉斯壮德湖的起点，它的景
看起来仿佛是人们在乡间远足时经常遇到的
然环境，如弯曲的橡树底下宁静的池塘
Rålambshovsparken公园将玛拉伦湖（La
Mälaran)的水面作为一个开放的中心。其南部
有一个森林池塘和一个能容纳5000人的朴野
露天剧场。剧场及附近的材料和布置，反映了
德哥尔摩市之外的群岛的景观。进入诺·玛拉
壮德公园，有曲线的步行小路，有雕塑、座
码头、池塘、小桥、游泳场、日光浴场、小咖
馆和为个人沉思或小团体聚会的小的花园房
格莱姆认为，这种湖岸步行道只是公园的边缘
公园应当包括湖面。一个休闲的公园能够用
进行斯德哥尔摩人所喜爱的活动，如游泳、
船、赛艇、帆船、钓鱼和冬季滑冰。

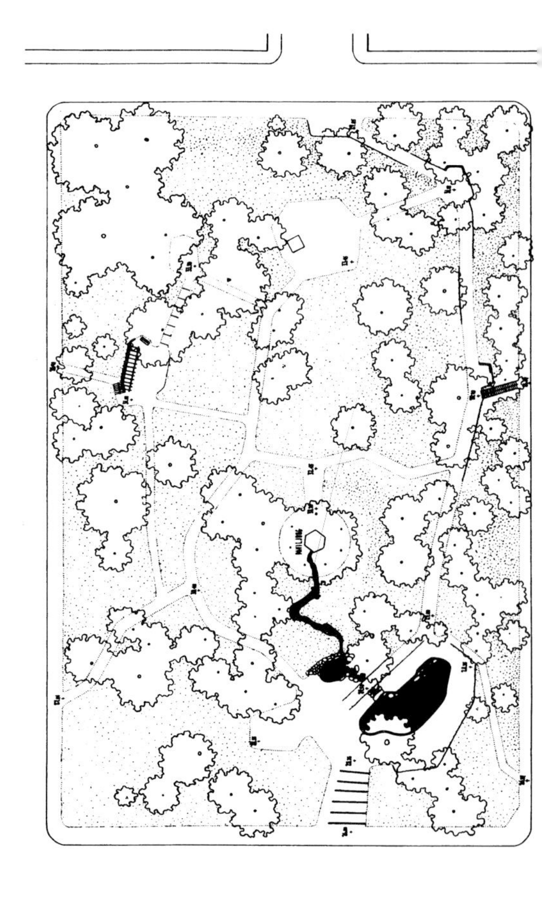

泰格纳树林平面图

计师以这样一种不同寻常的方式工作，
的中心创造一个完全乡村的景观。

然“斯德哥尔摩学派”的作品在形式上
风景园有些相似，但是，这是两种完全
园林。风景园是为少数贵族的美学需
了部分人的私人使用；而“斯德哥尔摩
的公园是为城市提供良好的环境，为市
消遣娱乐的场所，为地区保存有价值的
观特征，它的社会性是第一位的，它的
态基础源于政治的和社会的环境。

德哥尔摩皇家技术学院的园林艺术教授
(E.Lungberg)曾这样描述了“斯德哥
派”的设计思想基础：在对园林艺术的
求中，有两条线索可以追寻，一是去研
地方的可能性，去关注什么东西已经存
通过强调和简化去加强这些方面，通过
淘汰去增加自然美的吸引力；第二是回
的需求，即我们想要获得什么？生活将
这儿展开？在这个未来的乐园中，我们
得什么样的舒适、消遣和快乐呢？这是
计师检查自己的作品时必须遵循的两个

斯德哥尔摩学派”在瑞典景观规划设计
黄金时期出现，它是景观规划设计师、
划师、植物学家、文化地理学家和自然
共有的基本信念。在这个意义上，它不
一个观念，更是一个思想的综合体。

斯德哥尔摩学派”的顶峰时期是从
1958年。1960年代初，成千上万的瑞典
求更好的工作机会涌进首都，于是，大
、预制材料构筑的千篇一律的市郊住宅
，许多土地被推平，地区的风景特征被
尽管斯德哥尔摩公园的质量后来下降
格莱姆和“斯德哥尔摩学派”其他人的
品今天仍然可以看到。如今，这些公园
已经长大成熟，斯德哥尔摩的市民从前
的伟大创举中获益无穷。

1957年，受卫星城
甘为规划中的墨西哥城
物。选址位于墨西哥城
道的边上。巴拉甘的想
吸引力的垂直的要素组
埃里兹(M.Goeritz)与
低错落的塔体，具有红
色，直插蓝天。

50到60年代，巴拉
规划和室外环境。在墨
左右的一个旧种植园的
开发了一个以骑马和马
斯阿博雷达斯(Las A
入口处他设计了一道红
场(Plaza del Bebe
1959)也位于这个地方
中自由布置了蓝色、黄
在满盈的长水槽中投下
池边落入狭窄的水沟，
称为“景观的音乐”。他

会的场所。在距此不远
发了另一个称为“俱乐
的社区，里面有他的一
情侣之泉”(Fuente de

计与美国建筑师路易斯·
设计了位于美国南加利
究所(Salk Institute of
中心庭院，这是一个没
对称的素面混凝土建筑
庭院的中心一条笔直的
天空。这个庭院由于它
为“没有屋顶的教堂”。
·克里斯多巴尔（San
中，使用了玫瑰红和土
，水池的一侧有一排马
的地方。红色的墙上有
，水声打破了由简单几
，在炙热的阳光下给人

一直保持着小规模，从未
质感的运用、色彩的处
“情感”效果的检查，是
定的。他特别在意墙的
的质感和花园设计等细
明“时间、地点和情感”。
一些最亲密的朋友来讨论
括画家、历史学家、艺
园艺家等，这是他的设

主义中的纯粹功能主义，
“住房是居住的机器”。
们肉体的居住场所，更
神的居所。他拒绝外墙
是对人的私密性的侵犯，
外墙，觉得“太可怕，必

一系列园林中，使用的要

斯德哥尔摩市中心市政厅花园结束。在
郊边缘的诺·玛拉斯壮德湖的起点，它
看起来仿佛是人们在乡间远足时经常遇
然环境，如弯曲的橡树底下宁静的
Rålambshovsparken 公园将玛拉伦湖
Mälaran)的水面作为一个开放的中心。其
有一个森林池塘和一个能容纳5000人的
露天剧场。剧场及附近的材料和布置，反
德哥尔摩市之外的群岛的景观。进入诺·
壮德公园，有曲线的步行小路，有雕塑、
码头、池塘、小桥、游泳场、日光浴场、
馆和为个人沉思或小团体聚会的小的花园
格莱姆认为，这种湖岸步行道只是公园的
公园应当包括湖面。一个休闲的公园能
进行斯德哥尔摩人所喜爱的活动，如游
船、赛艇、帆船、钓鱼和冬季滑冰。

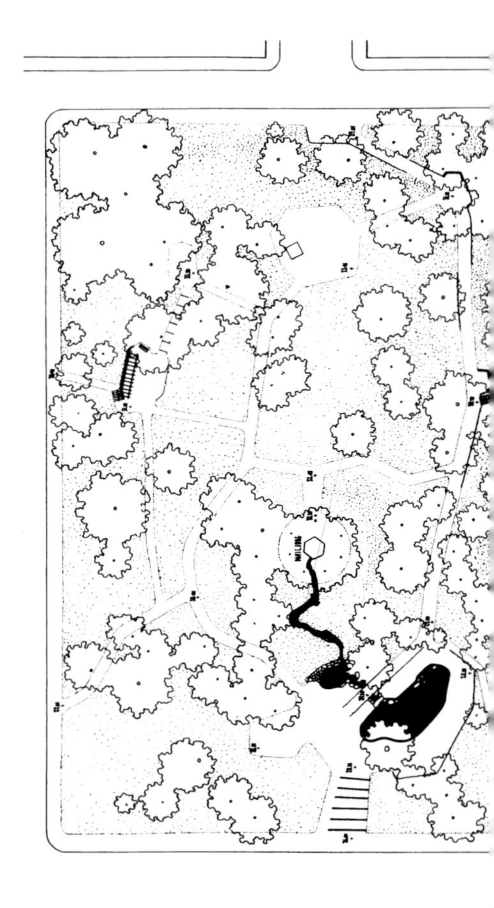

泰格纳树林平面图